终南山

居

2021 城乡规划、建筑学与风景园林专业
四校乡村联合毕业设计

西安建筑科技大学建筑学院
青岛理工大学建筑与城乡规划学院　　联合编著
华中科技大学建筑与城市规划学院
昆明理工大学建筑与城市规划学院

中国建筑工业出版社

图书在版编目（CIP）数据

终南山居：2021 城乡规划、建筑学与风景园林专业
四校乡村联合毕业设计 / 西安建筑科技大学建筑学院等
联合编著 . —北京：中国建筑工业出版社，2022.7
　　ISBN 978-7-112-27667-7

　　I .①终… Ⅱ .①西… Ⅲ .城乡规划—作品集—中
国—现代　②建筑设计—作品集—中国—现代　③园林设计—
作品集—中国—现代　Ⅳ .① TU982.29 ② TU206
③ TU986.2

中国版本图书馆CIP数据核字（2022）第132143号

版面设计：蔡忠原　谢留莎
责任编辑：杨　虹　尤凯曦
责任校对：赵　菲

终南山居
2021城乡规划、建筑学与风景园林专业四校乡村联合毕业设计

西 安 建 筑 科 技 大 学 建 筑 学 院
青岛理工大学建筑与城乡规划学院
华中科技大学建筑与城市规划学院　联合编著
昆明理工大学建筑与城市规划学院
　　　　　　　　　＊
中国建筑工业出版社出版、发行（北京海淀三里河路9号）
各地新华书店、建筑书店经销
北京海视强森文化传媒有限公司制版
北京富诚彩色印刷有限公司印刷
　　　　　　　　　＊
开本：880 毫米 ×1230 毫米　1/16　印张：11½　字数：483 千字
2024 年 4 月第一版　　2024 年 4 月第一次印刷
定价：**125.00** 元
ISBN 978-7-112-27667-7
　　　（39866）

编委会

序言
Preface

做好乡村振兴这篇大文章

  "民族要复兴，乡村必振兴。"实施乡村振兴战略，是党的十九大作出的重大决策部署，是实现国家富强、民族复兴的重要抓手，是人民群众对美好幸福生活的新期盼。

  2018年以来，西安市长安区围绕把乡村建成"三产融合、和谐美丽的花园"目标，以"花园乡村"为抓手，加大农村人居环境整治力度，实现了花园乡村全覆盖，催生了认养农业、特色民宿、非遗乡集等新业态。在此过程中，我区与西安建筑科技大学建立了深厚的校地合作关系。我们坚持规划引领，邀请西安建筑科技大学段德罡教授团队为抱龙村、南堡寨等典型村庄进行了村庄产业规划、人居环境改善和空间品质提升等乡村建设活动，为长安区城乡融合发展、花园乡村建设方面提供了许多好的意见建议与成功的实践案例示范，校地携手在推动乡村振兴方面进行了有益的探索。

  近年来，长安区始终牢记"国之大者"，坚持"两山"理念，把秦岭生态保护和修复工作作为一项首要政治任务来抓。与此同时，我们一直认真思考、不断探索，在严格的秦岭保护条例要求下，如何用好生态换取"金饭碗"，实现生态保护与高质量发展的鱼水相依？在新型城镇化与乡村振兴战略双轮驱动下，长安区如何支撑西安国际化大都市的发展战略，在推动乡村现代化发展的基础上如何实现城乡融合发展？这些问题和挑战需要成为未来乡村规划师、设计师的同学们为长安乡村发展提供观念、技术支持，推动长安乡村美丽生态转化为美丽经济。

  2021年，在美丽的秦岭脚下，在古朴的杜角镇村，我们有缘与西安建筑科技大学、青岛理工大学、华中科技大学、昆明理工大学四所建筑规划类知名高校的师生们相识、相聚，参与到四校乡村联合毕业设计的活动中，一起为长安区乡村发展"把脉"。

这次四校乡村联合毕业设计的主题为"终南山居"，把传统的"安居乐业"思想作为乡村规划的目标，引导师生在设计上吸收传统优秀文化，聚焦到村民对美好生活的向往上。设计从"生态文明建设理念下生态保护与乡村发展如何协调""城乡融合背景下乡村如何融入都市圈，支撑国际化大都市的发展战略""乡村振兴战略目标下乡村现代化发展与传统文化传承如何协调"三个维度，扎实开展田野调查与现状分析，明晰了长安区子午街道杜角镇村发展面临的机遇与困难，提出了针对性的意见建议，制定了可落地、可实施的村庄规划设计。

　　在开展毕业设计过程中，四所高校的师生们不畏严寒，奔波于旷野和乡间，展现出极高的专业素养，四所知名学府全方位展示了自身的实力与风采，我们也有幸见证了建筑规划界的精英参与国家乡村振兴战略的实际行动。

　　时代造就英雄，伟大来自平凡。今年是"十四五"开局之年，是全面推进乡村振兴的关键之年。乡村振兴引领新时代乡村发展的方向进程，也为广大青年才俊提供了广阔的发展舞台。唯有我们把青春和才华融入国家复兴的历史进程中，融入乡村振兴的具体事业中，我们的生命才更有意义。

　　最后，非常感谢各校师生在毕业设计活动中的辛勤付出。做好乡村振兴这篇大文章，因为有你们而更加精彩！

李荆

中共西安市长安区委副书记、区长

2021 年 6 月

前言
Foreword

乡村既是承载乡愁之处，也是稳定国家粮食安全的重要阵地，更是实现我国城乡融合发展不可或缺的重要板块。《中华人民共和国乡村振兴促进法》的通过并施行标志着乡村振兴上升到了新的高度。

西安建筑科技大学作为土建类传统"老八校"之一，率先以学术团队形式开展服务国家重大需求的理论探索、设计创作和应用实践研究。先后获得了我国建筑类学科第一个国家创新研究群体科学基金资助，建立了业内唯一的以绿色建筑命名的"西部绿色建筑国家重点实验室""西部绿色建筑国家级协同创新中心"及"西部绿色建筑与环境控制技术学科创新引智基地"，入选"高等学校学科创新引智计划"（111计划）。依托这些平台，多个团队在相关研究方向团结协作，形成了绿色建筑设计、西部建筑和乡村规划、本土城市规划等重点研究方向及学科团队，在新疆、西藏、陕西、青海、甘肃等地进行了深入的研究，为地方贡献了具有现实意义的理论、技术标准及示范项目。

西安建筑科技大学也高度重视本科阶段的乡村规划教学。在城乡规划本科阶段展开了相关理论教学和实践教学：在理论课程"城市规划原理"及"村镇规划"选修课理论课中嵌入城乡关系、乡村规划理论；在设计课程"居住环境规划与建筑设计"中部分选题为面向西北地区为主、地域特征鲜明的乡土住区，在"城市总体规划"中将乡村规划设计内容嵌入城乡统筹、城镇体系环节中。到了大五毕业设计收官环节，让学生参与"四校乡村毕业设计联盟"的毕业设计选题，学生通过毕业设计的"业务实践"进行对象乡村的前期研究及认知；在"毕业设计实习"阶段增加乡村认知实习；在"毕业设计"中系统性地展开乡村规划的设计实践训练。

四校乡村毕业设计联盟截至今年已经是第七年。过去的七年中，联盟分别对湖北、云南、陕西、山东典型乡村对象展开了规划设计研究，每年都会在前期调研、中期考核阶段邀请乡村规划领域的知名专家，为师生提供学术研究盛宴，很好地将教学与科研结合，让参与课题的学生不仅解决了技法层面的问题，也参与了理论层面的报告活动，学生通过实地的调查研究，发现坂头问题，再返回理论，结合现状找到解决途径和策略，较好地对本科毕业生进行了乡村规划的专业训练。另外，联盟每次活动都会通过各个学校的平台向社会发布，并将每一年的成果出版，推向社会，积极助力乡村规划教学及乡村振兴事业的发展。

　　本次教学活动得到了长安区政府、子午街道办事处等政府部门及天朗集团的协助，在此表示感谢；同时也要对华中科技大学、昆明理工大学及青岛理工大学师生为本次毕业设计的教学、交流及本书编撰过程中的辛勤付出表示感谢。

西安建筑科技大学建筑学院教授

2021 年 7 月

X i'an University of

西安建筑科技大学
Architecture and Technology

Q ingdao University of Technology

青岛理工大学
sity of Technology

H uazhong University of Science and Technology

华中科技大学
of Science and Technology

K unming University of Science and Technology

昆明理工大学
of Science and Technology

目 录

选题
Mission Statement

以农为业 以村为家

终南山居

各安其居而乐其业

党的十八大以来，党中央高度重视社会主义生态文明建设，坚持把生态文明建设作为统筹推进"五位一体"总体布局的重要内容。秦岭是陕西省关中平原城市群和农业区发展的重要生态屏障，保护秦岭生态环境不仅对当地的社会经济发展有重要意义，而且对维护全国生态安全大格局亦有极其重要的战略影响。

2018年7月以来，"秦岭违建别墅拆除"备受社会关注。中央、省、市三级打响秦岭保卫战，秦岭北麓西安段共有1194栋违建别墅被列为查处整治对象。近年来，中央对秦岭生态环境保护和秦岭违建别墅严重破坏生态问题先后六次作出重要指示。

2020年6月25日，西安市人大常委会公布《西安市秦岭生态环境保护条例》，明确规定了秦岭保护范围内的6类禁止行为，分别是：房地产开发；开山采石；新建宗教活动场所；新建、扩建经营性公墓；新建高尔夫球场；法律、法规禁止的其他活动。规范了开发建设行为。

为了保护秦岭的生态环境，各个峪口建立了秦岭保护站，通过限制车流、智能监控对秦岭旅游进行规范化管理。然而，严格的管理影响了峪口村庄农家乐的经营。曾经熙攘热闹的农家乐现在变得冷冷清清，保护区内村庄发展陷入困境。

一、释题

1. 终南山居

从古至今，安居乐业作为一种生活目标和治理目标而被广泛关注。从"各安其居而乐其业"，到"安居乐业，长养子孙"，到"耕者有其田"，再到关于"让农村成为安居乐业的美丽家园"的重要论述，无不体现着安居关系人民幸福、乐业就是民生根本的思想。然而，随着我国现代化事业的深入，乡村劳动力大量流失，呈现出不断衰退的趋势，落后、衰退的乡村正在成为制约我国实现现代化强国目标的关键短板，也成为我国许多社会经济问题甚至政治问题产生的根源。如何破解当前乡村衰退、落后的困境，让村民真正实现"以农为业，以村为家"，是我们不得不面对的课题。

2. 规划重点

在严格的秦岭保护条例下，依靠秦岭自然山水环境赖以生存的村民，他们未来的出路在何方？作为乡村规划师、设计师的我们应将设计带入乡村，为乡村的发展提供观念、技术支持。本次规划设计的重点是围绕长安区子午街办乡村面临的生态保护与乡村发展，乡村如何融入都市圈、支撑国际化大都市的发展战略，乡村现代化与传统文化传承的三大挑战，立足于扎实的田野调查与现状分析，明晰长安区子午街办乡村发展面临的现实困境，提出针对性的策略、方法，做可落地的村庄规划设计。

二、问题挖掘

1

挑战一：生态文明建设理念下生态保护与乡村发展如何协调？

- 在生态保护严格的秦岭浅山区，世代生息于此的原住民如何发展？
- 在严格的生态保护背景下，如何引导村民合理利用村庄资源，避免掠夺式开发、破坏性开发，实现生态保护与生存发展的鱼水相依，是当前生态文明建设理念下村庄规划编制应当重点关注的问题。

2

挑战二：城乡融合背景下乡村如何融入都市圈，支撑国际化大都市的发展战略？

- 西安是我国西北唯一的国家中心城市，将成为国家中心城市的定位为"三中心两高地一枢纽"，建成具有历史文化特色的国际化大都市。在这一背景下，终南山下的乡村如何借助西安城市发展的机遇，促进自身的发展同时支撑西安大都市的发展是本次毕业设计面临的重大挑战之一。

生态保护　VS　村庄发展　　　乡村振兴　VS　新型城镇化

选题

3

挑战三：乡村振兴战略目标下乡村现代化发展与传统文化传承如何协调？

- 在大城市迅速扩张、乡村文化日益衰落的今天，清晰认知乡村现代化进程中，传统文化传承中存在的难点与问题，寻找适合我国乡村现代化发展要求下的传统文化传承的针对性策略、方法，使其协调发展迫在眉睫。
- 因此，如何在传承传统文化的同时做好传统文化的活化利用，促进传统文化与现代文化的融合，是本次毕业设计课程面临的挑战之一。

三、对象认知

1. 长安区

· 基本概况

　　长安区隶属于陕西省西安市，地处关中平原腹地，南依秦岭，从西和南两个方向环拥西安市区，山、川、塬皆俱，总面积 1594km²，辖 16 个街道 232 个行政村 84 个社区（2018 年 9 月向高新区整建制移交 5 个街道后的数据）。2019 年年末，全区常住人口 106.42 万人，全区户籍总人口 104.53 万人。2019 年，全年实现地区生产总值（GDP）1001.21 亿元，比上年增长 8.2 %。2020 年 11 月，入选"2020 年中国工业百强区"。

· 历史沿革

　　长安，秦时为一乡聚。汉高祖五年（公元前 202 年）置长安县，七年（公元前 200 年），高祖由栎阳迁都长安。东汉置长安县、杜陵县，并属京兆尹。此后，王莽新朝、南北朝时后秦曾更县名为"常安"，五代后梁曾更县名为"大安"。今之长安区境与秦之杜县，西汉之杜陵县，东汉之杜陵县、奉明县、渭城县，唐魏之杜县，西晋之杜城县、长陵县、安陵县、北魏之山北县，北周之万年县，隋之大兴县，唐与五代之万年县，北宋之樊川县，金、元、明、清之咸宁县的全部或部分都曾有过辖属关系，并在 1914 年将咸宁县并入长安县，中华民国 27 年（1938 年）将长安城（今西安市城内）及四关从长安县划出置西安市，1955 年长安县东、北、西部的灞桥、渭滨、三桥等共 290km² 划归西安市辖，1958 年又将新筑、狄寨两个公社和鸣犊、大兆等公社的一些地方划给西安市。

　　2002 年 6 月 2 日，国务院批准（国函〔2002〕45 号）：撤销长安县，设立西安市长安区，以原长安县的行政区域为长安区的行政区域，区政府驻韦曲镇。同年 9 月正式撤县设区。

· 自然资源

（1）秦岭北麓自然环境

　　秦岭地跨南北，不仅是我国长江、黄河两大流域的分水岭和南北气候分界线，也是《全国主体功能区规划》确定的 17 个重要生物多样性生态功能区之一，生态地位重要区域。

　　同时，秦岭因地处我国生态格局的心脏地带，是西北、西南、华中、华北四区的生态联络交汇区，还是阻止西北风沙南下东移的天然生态屏障地带。因此，秦岭生态环境保护事关国家生态安全的大局。

（2）地貌特征

　　秦岭是一个掀升的地块，北麓为一条大断层崖，形势极为雄伟；山脉主脊偏于北侧，北坡短而陡峭，河流深切，形成许多峡谷，通称秦岭"七十二峪"。其中秦岭北麓是指山体底部与平原或谷底相连接的部分，所形成的一道作为过渡地带的转折线。秦岭北麓地区是秦岭北坡 25° 坡线以下至 0° 线，并向平原延伸数公里的环山带状区域。带状区域呈东西向延伸，全长 1600km，分布有 85 条峪沟、77 条水溪河流和众多村庄。

（3）村庄特征

　　秦岭北麓占秦岭山地总面积的 16%，在行政区划上包括西安、宝鸡、渭南 3 市 15 个县、区（均为不完全县、区）的 91 个乡镇，人口 69.4 万。长安区由于地处山区和平原市区之间，紧邻西安市区。秦岭北麓在长安区段是以长安区东、西行政边界为界，南至秦岭北坡 25° 坡线以下，北到环山路以北 1000m 内的范围，涉及 17 个峪沟，平均宽度约 3km，东西长约 39km，用地面积 751.69km²。

（4）淡水、生物、矿产资源等

　　长安区境内主要河流有沣河、潏河，均属渭河水系。沣河流域主要河流有沣峪河、高冠河、太平河、潏河、大峪河、小峪河、太峪河、滈河、金沙河等。潏河流域主要河流有潏河、库峪河及过境河汤峪河、岱峪河、鲸鱼沟等。

　　长安区境内有丰富多样的植物、动物资源。长安区地质发育史复杂，构造类型多样。秦岭山区大片的火成岩、变质岩等新生代沉积层，为各种金属、非金属及能源资源的集聚奠定了基础。

　　长安区有 7 个街办的空间位于秦岭生态保护区范围内。

秦岭七十二峪

2. 子午街道

· 基本信息

　　子午街道地处秦岭北麓长安段中部，南依秦岭，北瞰古都长安，是西安城南著名的千年古镇，总面积 66.6km²，辖 10 个行政村，1 个社区。面积 60.1km²，人口 3597229824 人（2019 年）。

· 历史沿革

　　子午历史悠久，在宋代就开始设镇，至今已有 1000 多年的历史。后来，子午镇的行政区划名称屡经变迁，2002 年长安区撤县设区时，子午镇改为子午街道。

　　古人以"子"为正北，以"午"为正南。"子午"即为南北的意思。子午自古人杰地灵，文化积淀深厚，更是佛家、道家等宗教齐聚之地。

　　子午镇因子午谷而得名，子午古栈道曾是秦岭著名的五大通道之一，北起长安子午镇，南止汉中子午乡，全长 350km，是古代从西安地区翻越秦岭通往陕南及四川的一条南北重要通道。

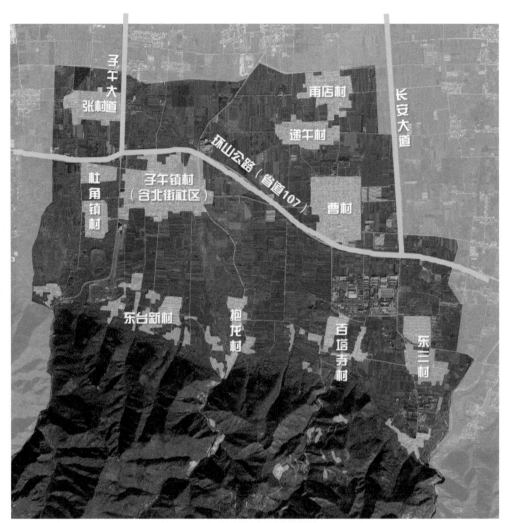

子午镇范围及下辖村庄图

· 交通区位

子午街道地处秦岭北麓长安段中部，是西安市距离中心城区最近的沿山街道。子午街道区位优势显著、交通便利，街办驻地距离西安市钟楼仅 26km，子午大道、长安大道、关中环线从境内穿过。

· 主导产业

农业为主，农用地面积：耕地 25000 亩（约 16.67km²），山林 7100 亩（约 4.73km²）。核心保护区内行政村数量 6 个。

· 特色资源

（1）航天厂所、军事学院等企事业单位。

（2）现有 29 家民宿，其中已建成 14 家，分布于东台新村、抱龙村、百塔寺村，正在建设 15 家。终南明舍、依山客栈、九栖东篱等精品民宿在行业内外已颇有名气。其中悠享小院、海蒂庄园荣获"西安最美十佳民宿"，依山客栈荣获"西安最美旅游民宿"。

（3）公共服务设施：幼儿园 3 个；小学 5 个；医疗机构、养老设施全村覆盖。

子午街道连续七年获得全区目标责任考核优秀单位，2015 年被省政府授予生态文明镇，2016 年被省旅游局评为陕西省旅游特色名镇。王庄社区 2017 年被评为西安市十佳美丽乡村、陕西省美丽宜居示范乡村。2018 年，子午镇村被评为陕西省基层党组织标准化建设示范村。子午街道花园乡村建设、子午街道党校等工作多次被中央及省市媒体报道。

- 历史文化资源

子午街道辖区有三大名峪：子午峪、抱龙峪、天子峪。其中子午峪是长安八大峪之一，名称最早见于《汉书》。子午古栈道曾是秦岭著名的五大通道之一，北起长安子午镇，南止汉中子午乡，全长350km，是古代从西安地区翻越秦岭通往陕南及四川的一条南北重要通道。

（1）子午峪：子午峪是长安八大峪之一，是道教圣地和韩国道教的发源地。汉代，子午峪被皇帝立为祭天祷祝之所，修建太古玄都坛（一名太元玄都坛），被尊为至高无上的"皇室祭天之所"。唐代，子午峪亦被称为"海东仙脉子午山"，子午古道从这里由北向南，穿过秦岭，到达汉中，继而到达成都。

（2）抱龙峪：抱龙峪位于子午镇南，东接天子峪，西通子午峪。境内不仅以故事传奇而出名，还有唐王寨以及唐王寨山上的飞来石和抱龙峪瀑布（神龙瀑布）而扬名关中。

（3）天子峪：天子峪位于西安市长安区环山路子午大道和长安大道之间，它东邻石砭峪，西邻抱龙峪。谷底有潺潺流水，谷西有步行进峪小道。因传说唐朝一太子在此峪中出生，天子峪由此得名。

- 人文资源

（1）三阶教祖庭百塔寺：百塔寺位于西安市终南山北麓长安区王庄乡天子峪口。

（2）华严宗发祥地至相寺：中国佛教华严宗祖庭终南山至相寺，又名国清寺，隋文帝开皇初年，由静渊禅师始建。位于终南山天子峪，是我国佛教华严宗的发祥地之一。

（3）道教名胜金仙观：金仙观始建于西汉文帝时期，名曰玄都坛。后来，在终南山修道的隐士们利用这个祭坛，修建了许多道观，分布在坛顶及周围，在玄都坛周围的道观，最著名的就是金仙观。金仙即"金刚不坏之仙"，是道教神仙的称谓。因道教神仙起源于西部的昆仑山和西王母，西方属金，故名金仙。唐代是道教活动的高峰，子午谷内的道教活动也十分兴盛。

选题

3. 杜角镇村

- 基本信息

杜角镇村位于长安区子午街道办事处南部的秦岭山脚下，下辖三个自然村，分别是南豆角村、北豆角村、子午西村。

- 主要农产品

花椰菜、玉米、草菇、西洋菜。

- 历史文化资源

南豆角村是子午道出子午峪后的第一个村落，南豆角村在古代就是店铺鳞次、客商云聚之地。南豆角村至今仍保留着古老的南北城门楼，村南的千年柏树和社公爷石头证明了这里古老悠久的历史。

杜角镇村基本信息

行政村	自然村	户籍人口（2021年）	村落形态	建设模式	资源条件特征
杜角镇村	北豆角村		1285人	缓坡集中建设型	原址保留就地提升	北邻关中环线
	南豆角村	3468人	1754人	缓坡集中建设型	原址保留就地提升	历史人文资源丰富
	子午西村		429人	浅山区集中建设型	原址保留就地提升	近子午峪口

杜角镇村历史文化资源

四、规划设计要求

1. 原则性要求

· 专题研究：针对村庄的历史文化、资源环境、建设现状等展开调研，完成专题研究报告。
· 村庄规划：按照行政村行政区划范围，每个组均要求完成实用性村庄规划成果一套。
· 详细设计：每组选择其中 1 个自然村完成村庄建设规划成果一套（不含工程管线规划和竖向设计）及村庄典型空间、建筑及景观的深化设计。

2. 三个专业各自特征性要求

· 城乡规划学
从城乡规划学视角出发，关注随时代变化、社会发展、村民日常生活方式改变而引发的乡村空间变化、文化变迁，基于上位规划、现状调研，参考村民意见，结合专题研究，应对村庄发展所面临的系列挑战，编制完成一个行政村的实用性村庄规划，包括发展定位与目标、生态保护修复和综合整治规划、耕地和永久基本农田保护规划、产业发展规划、住房布局规划、道路交通规划、基础设施和公共服务规划、村庄安全和防灾减灾规划、历史文化及特色风貌保护规划和近期建设计划等内容，以下为建议完成的设计子项。

– 生态保护修复和综合整治规划
– 耕地和永久基本农田保护规划
– 产业发展规划
– 住房布局规划
– 道路交通规划
– 基础设施和公共服务规划
– 村庄安全和防灾减灾规划
– 历史文化及特色风貌保护规划

· 建筑学
从建筑学视角出发，关注随时代变化、村民日常生活方式改变而引发的空间变迁，从院落屋舍格局、建筑空间使用方法、建造方式及细节等方面进行比对研究，应对村庄发展所面临的系列挑战，从建筑学角度对建筑及其场地进行阐释及创作。以下为建议完成的设计子项。

– 村庄整体空间优化设计
– 村庄公共空间及其周边环境设计
– 村庄民居改造设计
– 村庄公共建筑设计
– 村庄重要节点设计
– 建筑构造大样设计

· 风景园林学
从风景园林学视角出发，关注生态保护条件下的景观空间的转化，居民生活方式转变过程中，由于生态保护条件的限制使景观环境的设计形式发生的变化。在宏观层面，对村庄景观格局及整体空间结构的变迁进行分析研究；在中观层面，对村庄公共空间、精神空间等类型的场地进行规划设计；在微观层面，在对当地庭院的空间形式及材料梳理研究的基础上，给出普适的改造建议并对 3 ~ 5 个案例做出较为详细的设计。以下为建议完成的设计子项。

– 村庄景观格局规划
– 村庄空间结构规划

- 各类公共空间景观规划设计
- 重要景观节点设计
- 庭院改造设计

3. 各校自行要求部分

成果的规格要求（如中期、期末每生须提交的报告、图纸、说明等），结合各校的相关规定要求，自行掌握。

五、教学组织

1. 分组要求

（1）共分三个大的联合组，分别选择不同的自然村。每组 20 名学生左右，由四校学生联合组成，其中各校学生人数为 6 名左右（三个专业学生搭配）。

（2）为了便于组织与管理，每个大的联合组分为 4 个小组，每个小组成员均来自一个学校。

（3）每个学校分为三个小组，各自针对一个自然村展开调查。

2. 教学安排

本次联合毕业设计共组织三次联合的教学交流活动，包括前期调研、中期检查和联合毕业设计答辩，要求参与同学必须参加。（具体安排详见教学计划安排表）。

选题

2021 年四校乡村联合毕业设计教学计划安排表

时间 / 地点	教学时长	教学内容	组织单位
3 月 1 日—3 月 5 日 西安	5 天	1. 联合毕业设计启动仪式； 2. 选题介绍； 3. 现场调研； 4. 暂定期间组织 1 ~ 2 场乡村规划专题学术讲座（针对人群，选择场地，落实时间）	西安建筑科技大学（提供资料）
4 月 16 日—4 月 18 日 西安	3 天	1. 中期成果检查； 2. 现场补充调研	西安建筑科技大学
5 月 26 日—5 月 28 日 青岛	3 天	1. 联合毕业设计答辩； 2. 毕业设计总结会， 期间在校举办联合毕业设计展； 3. 2022 年五校乡村联合毕业设计 村庄考察与预选	青岛理工大学
后续工作	—	毕业成果整理、出版	西安建筑科技大学

成

果

展

示

Achievement
Exhibition

壹 北豆角村

贰 南豆角村

叁 子午西村

　　北豆角村位于陕西省西安市长安区子午街道，秦岭北麓长安段中部，距离西安市中心城区 24.6km，紧靠环山公路、子午大道，有着良好的地理区位；现有村民 300 余户，共 1285 人，老龄人口占比较高，进城择业人口较多；村内建筑质量较好，建设年代多处于 2000 年代左右；村庄内部绿化基础良好，宅前绿地覆盖率大，但村庄内部绿化形式较为单一；公服设施匮乏，现有的体育设施破旧，使用率低，卫生室位置偏北，医疗卫生设施简陋。现有采摘园 3 处，主要分布于北豆角村北部，春夏季为接待旺季，秋冬季为淡季。

bĕi dòu jiăo

北豆角

杜角新貌，城心乡往

西安建筑科技大学　Xi'an University of Architecture and Technology

参与学生： 李宇辰　郭　娜　白宇琛　刘云雷　杨　莹　薛若琳

指导教师： 段德罡　蔡忠原　谢留莎　陈　炼

教师释题：

从古至今，安居乐业作为一种生活目标和治理目标而被广泛关注。从"各安其居而乐其业"，到"安居乐业，长养子孙"，到"耕者有其田"，再到关于"让农村成为安居乐业的美丽家园"的重要论述，无不体现着安居关系人民幸福、乐业就是民生根本的思想。然而，随着我国现代化事业的深入，乡村劳动力大量流失，呈现出不断衰退的趋势，落后、衰退的乡村正在成为制约我国实现现代化强国目标的关键短板，也成为我国许多社会经济问题甚至政治问题产生的根源。如何破解当前乡村衰退、落后的困境，让村民真正实现"以农为业，以村为家"，是我们不得不面对的课题。

（1）生态文明建设理念下生态保护与乡村发展如何协调

秦岭浅山区云雾缭绕之处——终南山，孕育了中国传统人居环境的沃土，在这里生存着千千万万的原住村民，他们既见证了秦岭的世代更迭，也依靠秦岭的自然山水环境生存发展，但在严格的生态保护背景下，如何引导村民合理利用村庄资源，避免掠夺式开发、破坏性开发，是当前生态文明建设理念下村庄规划编制应当重点关注的问题。

（2）城乡融合背景下乡村如何融入都市圈，支撑国际化大都市的发展战略

在新型城镇化与乡村振兴战略双轮驱动下，地处西安大都市圈的长安区子午街办乡村，如何融入都市圈、支撑国际化大都市的发展战略，实现城乡基础设施互联互通、公共服务共建共享、城乡产业多元融合的目标，更重要的是提升村民市民化能力，使其尽早融入城市生活实现市民化，推动乡村的现代化发展，这是乡村振兴战略与新型城镇化的要求，亦是我国现代化事业的要求。

（3）乡村振兴战略目标下乡村现代化发展与传统文化传承如何协调

当前我国正处于推动乡村现代化发展的关键阶段，面临乡村社会转型、经济发展、产业激活等一系列变化，传统文化传承面临巨大挑战和压力。在大城市迅速扩张，乡村文化日益衰落的今天，清晰认知乡村现代化进程中，传统文化传承中存在的难点与问题，寻找适合我国乡村现代化发展要求下的传统文化传承的针对性策略、方法，使其协调发展，显得十分迫切和必要。

（4）乡村振兴战略目标下村庄规划如何简单、实用

乡村规划既要有效管控空间环境，也要发挥乡村的经济与社会活力。多规合一的实用性村庄规划如何编制，如何处理好空间规划与发展活力之间的关系，如何实现上位规划向下位规划的有效传导，如何处理好系统性规划与简单实用的要求，如何让乡村规划真正贴合乡村的实际需求等亟待探索与实践。

国家政策

中华人民共和国国民经济和社会发展第十四个五年规划和2035年远景目标纲要

坚持农业农村优先发展 全面推进乡村振兴

1. 提高农业质量效益和竞争力
2. 实施乡村建设行动
3. 健全城乡融合发展体制机制
4. 实现巩固拓展脱贫攻坚成果同乡村振兴有效衔接

2021年中央一号文件《中共中央国务院关于全面推进乡村振兴加快农业农村现代化的意见》

1. 提升粮食和重要农产品供给保障水平
2. 深入推进农业绿色发展
3. 大力实施乡村建设行动
4. 强化农业农村优先发展投入保障
5. 推进城乡融合发展、建设美丽宜居乡村
6. 加强党对"三农"工作的全面领导

乡村振兴战略规划（2018-2022）

1. 构建乡村振兴新格局
2. 加快农业现代化步伐
3. 发展壮大乡村产业
4. 建设生态宜居美丽乡村
5. 繁荣发展乡村文化
6. 健全现代乡村治理体系
7. 保障和改善农村民生
8. 完善城乡融合发展政策体系

乡村振兴重点—实现村庄产业发展、整治乡村人居环境以及建设基础服务设施

地方政策

（西安市 / 子午街道相关政策表格）

区位分析

交通区位分析 / **历史文化区位分析** / **地理区位分析**

SITE

24.6km 0.15h交通圈

交通区位： 杜角镇村地处秦岭长安段中段，距离西安市中心城区24.6km，被环山公路、子午大道、304村道所形成的道路系统所环绕，场地周边交通网络发达，可达性强。

历史区位： 杜角镇村紧靠西安市文化传承主轴，历史文化悠久，无数验炎人民的历史故事在这里发生。

地理区位： 杜角镇村位于风景优美的终南山下，地处长安八大峪之一的子午峪入口，北邻著名荔枝道——子午古道，风景秀丽，自然地理区位优势明显。

生态环境

地形地貌	气候
子午街道地处秦岭北麓，地势南高北低。杜角镇村地处秦岭北麓山前洪积扇区，村域内子午河西地形条件较丰富，南豆角村与北豆角村地形平缓。	四季干、湿、冷、暖分明，山麓区自北向南由平原到台原、山地，随海拔高度的递增和坡向的影响，年平均气温逐渐降低，年平均降水量则逐渐增加，风速也逐渐加大。

水文	土壤
子午街道境内河道属黄河流域渭河水系，主要河流属子午河、沣子河、天子峪河等3条。杜角镇村境内水系属从子午峪口流出的季节性河道，夏季时河中有水，旱季时则无水。	子午街道黄土台塬，主要地质为褐墙土、黄墙土。由于此两种类型土壤的结构和肥力非常有利于农作物和果蔬的种植，因此农作物如小麦、玉米等长势良好，葡萄颗粒饱满、味道甘甜。

子午峪	地热温泉
子午峪，秦岭七十二峪之一，峪长六百六十里，北口日子，南口日午，此地横过汉水，是长安城通往南方的交通要道，也是西安市长安区子午镇境内的一条河谷。	已钻成井深356m热水井，出水量36t/h，井口水温达54℃，含硫、铁等十多种矿物质，对皮肤病有疗效。温泉附近有多处风景名胜。

古板栗林	山泉
板栗林占地五千亩左右，距今已有200年历史，属于三级保护区，于2011年被纳入保护范围，并竖立石碑警示。此板栗林每年成果，常有游客来此游玩、捡拾板栗。	山泉水流淌自秦岭山脉，水质清澈甘甜，被当地人发现之后，就在周边打通了引出水管，目前作为子午村村民的日常饮用水。过往游客也接水饮用。

民俗文化

子午集日交易市场及演变

时间（时、年）	集日/集市（名称）
清康熙（1662-1722年）	子午镇、三桥、甘河、斗门、贾里村、郭社、黄良、姜村、马场等17个村镇均设有集市
中华人民共和国成立后（1949-1950年）	子午镇、韦曲、王曲、斗门、郭社等25个村镇均有集市
1962年	引镇、鸣犊、子午等集市，其余均被禁止
1976年	王曲、斗门、子午、引镇四个集市
1978年	子午镇、鸣犊、大兆、杜曲、韦曲、王曲、五星、马王镇、斗门、细柳、郭社等集镇统一在周日逢集
1980年	集日时间更为分散：1.引镇、王曲、郭社、细柳集日间为三、六、九 2.鸣犊、杜曲集日间为二、五、八 3.子午镇、马王镇集日间为一、四、七 4.韦曲集日改为每周日集日

子午街道节日时间表

庙会名称	时间
曹村社火	正月初八到十六
南豆角村社会节古会	三月三到七月七
子午镇小五台庙会	六月十七到十九
东水寨老爷庙会	腊月十三
金仙观庙会	二月二十五、七月二十六、每月初一、十五

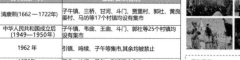

民俗节日
- 明朝开始，政府在此正式设立集市，为了方便人民群众日常生活中的买卖，规定农历每逢单日为集日。
- 子午不但有传统集日，还有古会，子午的古会主要是村会（农历八月初二），是全村统一的盛大节日庆典活动，村会活动主要有两次，分为价前会和忙后会。

村民组织
- 杜角镇村自乐社自20世纪30年代建立，深受附近村民喜爱，其曲目曾获陕西省首届秦腔戏曲传统优秀剧目奖。

- 杜角镇村民俗文化生富，有多种民俗节日，特色的村民自组织社团，深受村民喜爱。
- 但由于现代化的年轻人对于传统习俗与传统文化的的了解存在欠缺，对于民间文化活动的参与性、认知度上面相对欠缺，文献传承方面断层的危机。

人口情况

家庭年收入情况
- 8万元以上 14%
- 6万～8万元 15.80%
- 3万～6万元 21.80%
- 1万～3万元 26.90%
- 1万元以下 21.80%

家庭收入来源
- 传统农业 41%
- 农家旅游 4%
- 外出务工 43%
- 采摘园 8%
- 其他 4%

家庭在外务工人员
- 子午镇 22%
- 长安区 13%
- 西安市 36%
- 外地 11%
- 村办企业 17%

杜角镇村人口分布统计
- 北豆角村 1285
- 南豆角村 1754
- 子午西村 429

杜角镇村人口受教育程度
- 小学 35%
- 初中 32%
- 中专成技校 6%
- 高中 10%
- 大学 11%
- 其他 5%

杜角镇村人口年龄结构
- 15岁以下 13%
- 15～30岁 41%
- 31～45岁 24%
- 46～60岁 17%
- 60岁以上 5%

杜角镇村共有三个自然村：北豆角村、南豆角村和子午西村，有9个村民小组，共计1026户，3468口人。杜角镇村村中的老年人占比较高，空心村现象严重。以传统农业和外出务工为主要收入来源，村民就业多选择在西市，大部分人群单也晚归，人口流动性较小。同时约有60%的家庭收入低于我国人均年收入，村民受教育程度也较低，多为小学以下学历。

老龄人口占比较高，就近择业人口较多

历史沿革

春秋	北宋	明清
初始建村	格局初定	建城驻军
春秋秦武公时期，因为豆角村就在杜县周围，故而取得名村，但是取名复杂、发音的问题，后人慢慢地将杜念成了豆，也就有了现在名字的产生。	北宋景佑二年，东杜角村因被山洪摧毁后，分建南北二村。	子午古道是一条重要的军事通道，为杜绝匪患对从关中，官方在南豆角村修筑城墙，设置碉堡，并驻军于此。
公元前687	1035	1368

1978	1949
改革开放 / 身路发展	逐渐没落 / 1949年前后
杜角镇村现属于子午街道管辖，随着子午大道向南延伸，杜角镇村大力发展休闲观光、农家乐餐饮业、农副产品加工业、板栗、杏、干制野菜等农产品广受好评。	1949年，中国人民解放军解放小五台，在南豆角村北城门上留下"胜利门"三字。1958年，西万公路建成后，子午古道失去了交通要道地位，杜角镇经济随之萧索。

春秋战国	
春秋战国	目前公认古蜀道主要有七条，最早可以追溯至战国时期，秦武公二十一年设杜县，杜角村因此得名。
秦末汉初	子午道开辟于秦末汉初，刘邦鸿门宴后，离开长安时过子午道前往汉中。
汉朝	汉武帝时子午道旁高山顶修建玄都坛终天，王莽修建子午道，同时成为长安城市轴线。
三国时期	子午道军事地位显著，蜀魏献计从子午道出奇兵取长安北伐，诸葛亮行军谨慎未采用。
南北朝	梁朝将军王坤改良建新道。
唐朝	杨贵妃喜食荔枝，唐玄宗命人从巴蜀经子午道运输荔枝至长安，故子午道亦称"荔枝道"。唐宣宗时，新罗人金可记隐于金仙观修仙，回国后成为韩国道教创始人。
20世纪	解放战争时期，西安地区最后一战小五台战役在子午道取得胜利。1949年后子午道多数道路修建为公路，仅子午谷附近道路和宁陕县部分道路存有古道遗迹遗址。

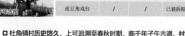

名称	保护等级	年代	保护状况
铜柏	特级	隋唐	良好
国槐	三级	隋唐	良好
板栗古树群	三级	清代	良好
南豆角南北城墙及城楼	市级文保单位	明代	良好
北豆角城楼	/	清代	已被拆除
城隍庙	/	/	已被拆除
南豆角戏楼	/	/	已被拆除

- 杜角镇村历史悠久，上可追溯至春秋时期，临千午子午古道。村域内包含众多历史景观节点。
- 村内历史文化资源未得到良好的开发利用，且知名度不高。

■ 用地现状

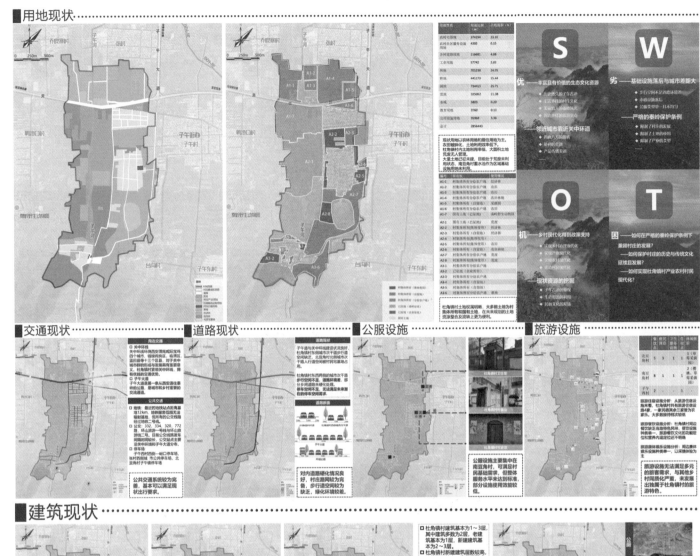

S	W
优——丰富且有价值的生态文化资源	劣——基础设施落后与城市差距大
O	T
机——乡村现代化得到政策支持	困——如何在严格的秦岭保护条例下兼顾村庄的发展？

■ 交通现状

■ 道路现状

■ 公服设施

■ 旅游设施

■ 建筑现状

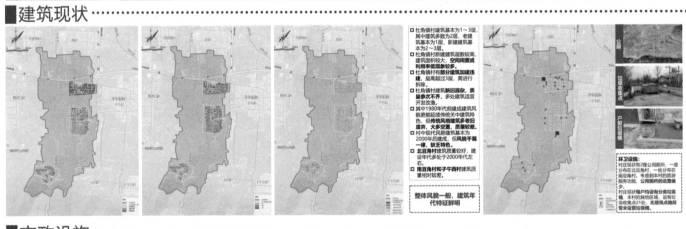

■ 市政设施

给水系统现状

排水系统现状

电力系统现状

电信系统现状

■问题总结 ………… ■问题梳理 ………… ■策略构建 …………

问题总结（左侧）

乡村社会
- 乡村治理
  - 原有社会秩序缺失
  - 乡村治理裙带性关系显著
  - 乡村公共意识薄弱
  - 乡村自治缺乏空间
- 乡村村民
  - 村民价值观多元化
  - 主体人群经济增长需求增高
  - 村民思想理性化，利益矛盾突出
- 公共事业
  - 基础设施缺乏
  - 人际交往空间缺失
  - 社会环境制约因素变弱

乡村文化
- 主体弱化困境
  - 留守问题
  - 乡村心的疏离
- 场域发展困境
  - 乡村生活空间在现代化下的无序发展
- 文化失语困境
  - 传统文化要素边缘化
  - 缺乏有效治理体系
  - 文化价值单一化

问题梳理（中部）

- 促进村庄功能配套现代化转型 → 形成城乡有差异无差距的乡村功能配套格局
  - 完善基础设施建设
  - 集中配置公共资源，提高公共服务水平
  - 夯实产业基础，稳步推进农村现代化建设
- 促进村庄治理多元化转型 → 形成多元共治、治理有序的乡村治理格局
  - 广泛吸纳管理主体，实现多元自治
  - 加强社区营建
  - 拓展管理服务功能
  - 搭建网络化社会治理模式
- 促进村民现代化转型 → 实现村民的自主性现代化转型
  - 健全社会保障体系
  - 通过产业带动提供就业机会
  - 创新培训机制，提升农民工就业能力
  - 推动农村文化繁荣，增强村民自我认同感

- 人口外流加剧
- 劳动力减少
- 户籍政策利益丰厚
- 外部经济干预
- 乡村治理能力弱
- 村民自治水平不高

→ 家庭结构调整 → 价值信仰缺失
→ 人户分离现象 → 社会体系改变
→ 裙带关系问题 / 分配机制复杂 → 乡政与村治之间的权衡问题
→ 人口外流，民主参与度较低

策略构建（右侧）

实现城乡关系良性互动、融合发展的全面现代化农村

促进村庄功能配套现代化转型	促进村庄治理多元化转型	促进村民现代化转型
加强基础设施现代化转型	多元共治模式、文化引导下的乡村治理	实现村民职业化转型
公服设施共享	网络化模式下的生产生活平台	实现村民思想文化现代化转型

最终实现城乡有差异无差距、提高乡村村民幸福感

村庄定位

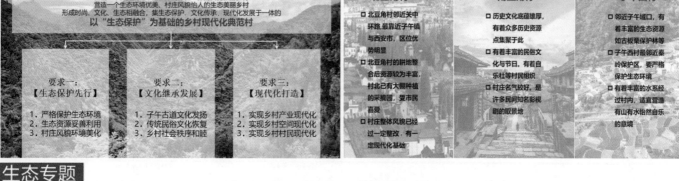

"杜角新貌，城心乡往"

营造一个现代气息浓厚、配套设施完善的时尚生活乡村
营造一个历史文化丰富、休闲体验一体的文化旅游乡村
营造一个生态环境优美、村庄风貌怡人的生态美丽乡村
形成时尚、文化、生态相融合、集生态保护、文化传承、现代化发展为一体的
以"生态保护"为基础的乡村现代化典范村

要求一：【生态保护先行】
1. 严格保护生态环境
2. 生态资源妥善利用
3. 村庄风貌环境美化

要求二：【文化维承发展】
1. 子午古道文化发扬
2. 传统民俗文化恢复
3. 乡村社会秩序和睦

要求三：【现代化打造】
1. 实现乡村产业现代化
2. 实现乡村空间现代化
3. 实现乡村村民现代化

时尚生活乡村样板 北豆角村
- 北豆角村邻近关中环路，最靠近子午镇与西安市，区位优势明显
- 北豆角村的耕地整合自身资源较为丰富，村北已有大棚种植的基础
- 村庄整体风貌已经过一定整改，有一定现代化基础

文化旅游乡村样板 南豆角村
- 历史文化底蕴雄厚，有着众多历史资源点集聚于此
- 有着丰富的民俗文化与节日，有着自乐社等村民组织
- 村庄名气较好，是许多民间知名影视剧的取景地

生态美丽乡村样板 子午西村
- 邻近子午峪口，有着丰富的生态资源如古板栗保护林等
- 子午西村最邻近秦岭保护区，要严格保护生态环境
- 有着丰富的水系经过村内，适宜营造有山有水怡然自乐的意境

生态专题

■生态敏感性评价

研究范围生态敏感性单因子分析 | 研究范围生态敏感性综合分析

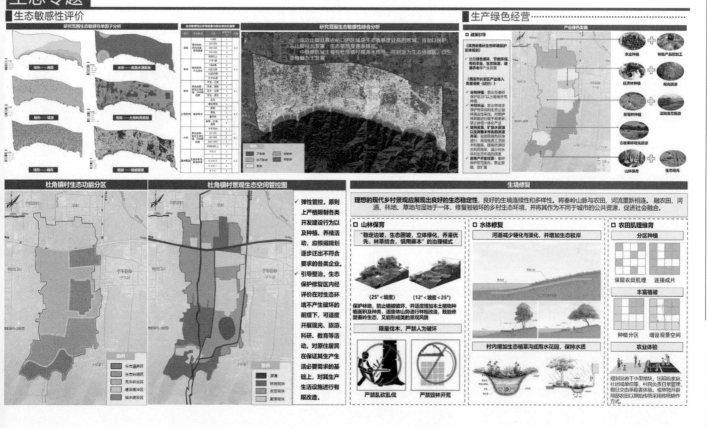

生产绿色经营

产业绿色发展

杜角镇村生态功能分区 | **杜角镇村景观生态空间管控图**

弹性管控。原则上严格限制各类开发建设行为以及种植、养殖活动，应根据规划逐步淘汰不符合要求的各类企业，引导整治。生态保护修复区内经评价对生态环境不产生破坏的前提下，可适度开展观光、旅游、科研、教育等活动。对原住居民在保证其生产生活必要需求的基础上，对其生产生活设施进行有限改造。

生境修复

理想的现代乡村景观应展现出良好的生态稳定性，良好的生境连续性和多样性。将秦岭山脉与农田、河流重新相连。融合农田、河道、林地、草地与湿地于一体，修复被破坏的乡村生态环境，并将其作为不同于城市的公共空间，促进社会融合。

☐ 山林保育
"稳定边坡，生态固坡，立体绿化，乔灌优先，林草结合，慎用草本"的治理模式
(25°<坡度) | (12°<坡度<25°)
限量伐木，严禁人为破坏
严禁乱砍乱伐 | 严禁毁林开荒

☐ 水体修复
河道减少硬化与渠化，并增加生态较岸
村内增加生态植草沟或雨水花园，保持水质

☐ 农田肌理维育
分区种植
保留农田肌理，连接成片
丰富植被
种植分区，增设观景空间
农业体验

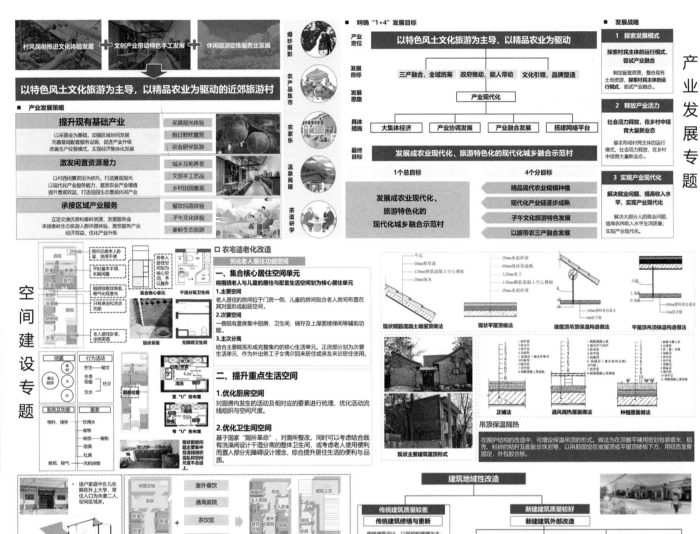

村风民俗推进文化体验发展 ＋ 文创产业带动特色手工发展 ＋ 休闲旅游助推服务业发展

以特色风土文化旅游为主导，以精品农业为驱动的近郊旅游村

■ 产业发展策略

提升现有基础产业
以提供观光基础，加强区域协同发展完善基础配套服务设施，促进产业升级改善生产经营模式，实现经济体系化发展
- 采摘观光体验
- 假日野炊露营
- 农业研学旅游

激活闲置资源潜力
以村西闲置农田为依托，打造景观观光以现代化产业服务为引擎，激发农业产业增值提升景观效益，打造田园生态景观休闲产业
- 城乡互助养老
- 文创手工艺品
- 乡村田园观光

承接区域产业服务
立足秦岭和南秦资源，发展服务业承接秦岭生态旅游，人群休憩热点；激发服务产业经济活力，优化产业升级
- 餐饮民宿体验
- 子午文化体验
- 秦岭生态旅游

（右侧）婚纱摄影 / 农产品集市 / 农家乐 / 温泉民宿 / 茶道研学

■ 明确"1+4"发展目标

产业定位：**以特色风土文化旅游为主导，以精品农业为驱动**

发展目标：三产融合，全域统筹 / 政府推动，能人带动 / 文化引领，品牌塑造

发展思路：产业现代化

具体措施：大集体经济 / 产业协调发展 / 产业融合发展 / 搭建网络平台

最终目标：**发展成农业现代化、旅游特色化的现代化城乡融合示范村**

1个总目标：发展成农业现代化、旅游特色化的现代化城乡融合示范村

4个分目标：
- 精品现代农业规模种植
- 现代化产业链逐步成熟
- 子午文化旅游特色发展
- 以旅游带农三产融合发展

产业发展专题

■ 发展战略

1 探索发展模式
探索村民主体的运行模式，尝试产业融合
制定配套政策，整合现有土地资源，探索村集体主体的运行模式，尝试产业融合

2 释放产业活力
社会活力释放，在乡村中培育大量新业态
基本形成村集体主体的运行模式，社会活力释放，在乡村中培育大量新业态

3 实现产业现代化
解决就业问题、提高收入水平、实现产业现代化
解决农村剩余劳动力的就业问题，提高农民收入水平及生活质量；实现产业现代化

空间建设专题

□ **农宅适老化改造**

优化老人居住功能空间

一、集合核心居住空间单元
将围绕老人与儿童的居住与配套生活空间划为核心居住单元
1. 主要空间
老人居住的房间位于门房一侧，儿童的房间贴着老人房间布置在其两面形成起居空间。
2. 次要空间
一侧则有厨房集中厨房、卫生间、储存及上屋里楼梯间等辅助空间。
3. 主次分离
结合主要院落形成完整集约的核心生活单元。正房部分划为次要生活单元，作为外出务工子女们偶尔来居住或亲友来访居住使用。

二、提升重点生活空间
1. 优化厨房空间
对厨房内发生的活动及相对应的要素进行梳理，优化活动流线组织与活动尺度。
2. 优化卫生间空间
基于国家"厕所革命"，对厕所整改。同时可以考虑结合既有洗涤间设计干湿分离的整体卫生间，或考虑老人使用便利而置一部分无障碍设计理念，综合提升居住生活的便利与品质。

现状钢筋混凝土楼顶做法 / 现状平屋顶做法 / 坡屋顶吊顶构造做法 / 平屋顶吊顶保温构造做法

正铺法 / 通风隔热屋面做法 / 种植屋面做法

现状主要建筑屋顶形式

吊顶保温隔热
在围护结构的改造中，可增设保温吊顶的形式。做法为在顶棚平铺用密封包装锯末、碎壳、粉碎的秸秆及膨胀珍珠岩等，以吊筋固定在坡屋顶或平屋顶楼板下方，用轻质龙骨固定，外包胶合板。

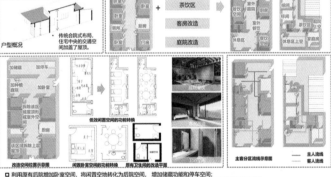

户型概况

改造空间功能意象图 / 闲置资源空间的功能转换 / 原有卫生间的改造情况

建筑地域性改造

传统建筑质量较差 → 传统建筑修缮与更新
传统建筑设计，以保护修缮为主：结构加固，对传统结构完整性建筑的屋顶、墙体等进行结构加固，内部空间以结构加固、修理或修缮为主，保留原有墙体和建筑整套。建筑修旧如旧，新旧交替。

新建建筑质量较好 → 新建建筑外部改造
设计"母门"被套小门，大门尺度满足车辆进出。对墙体进行传统复制翻新，并进行翻转、应用现代材料建造模式，以凸显其中的地域风貌特征。结合现代建筑风貌，花墙主要用在女儿墙部分以及边户的陕墙墙体等饰墙作用。简化传统花墙形式，演化为现代木色墙面，延续传统风貌。

传统建筑更新意向

主客分区流线示意图 — 主人流线 / 客人流线

十字纹 / 宽十字纹 / 菱形纹

六种花墙样式 / 花窗简化样式

□ 利用原有后院增加卧室空间，将闲置空间转化为后院空间，增加储藏功能和停车空间；
□ 主人卧室及各客房单独设置独立卫生间，原有卫生间利用率不高，对其增加隔墙，划分为卫生间及储藏间；
□ 自然村都单独设置卫生间的私密性，保证双方私密性。

现代化规模种植业

现代农旅融合产业

历史文化旅游产业

文创产品加工产业

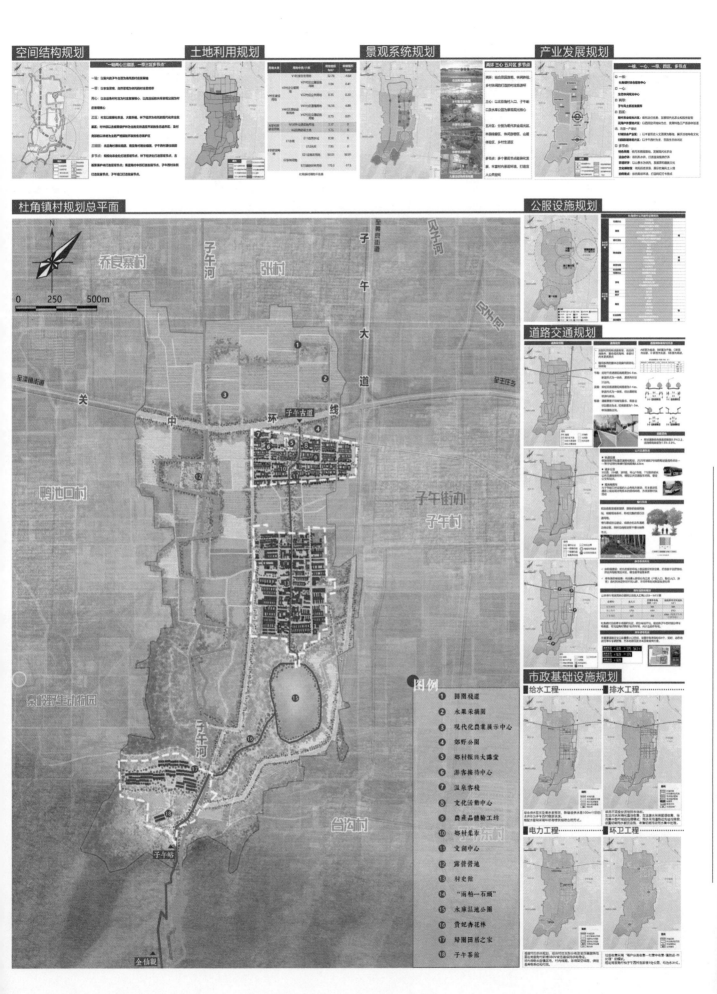

空间结构规划

土地利用规划

景观系统规划

产业发展规划

杜角镇村规划总平面

公服设施规划

道路交通规划

市政基础设施规划

给水工程　　排水工程

电力工程　　环卫工程

图例

① 田园栈道
② 水果采摘园
③ 现代化农业展示中心
④ 郊野公园
⑤ 乡村振兴大讲堂
⑥ 游客接待中心
⑦ 温泉客栈
⑧ 文化活动中心
⑨ 农产品体验工坊
⑩ 乡村集市
⑪ 文创中心
⑫ 露营营地
⑬ 村史馆
⑭ "一亩柏一石头"
⑮ 水库湿地公园
⑯ 贵妃青花林
⑰ 归园田居之家
⑱ 子午茶舍

西安建筑科技大学　杜角新貌·城心乡往

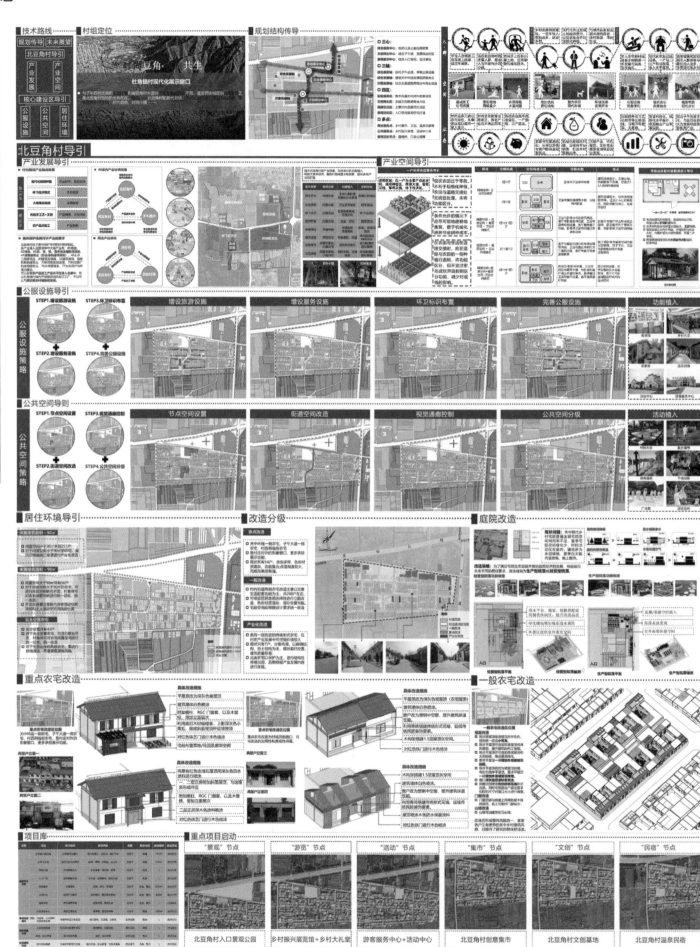

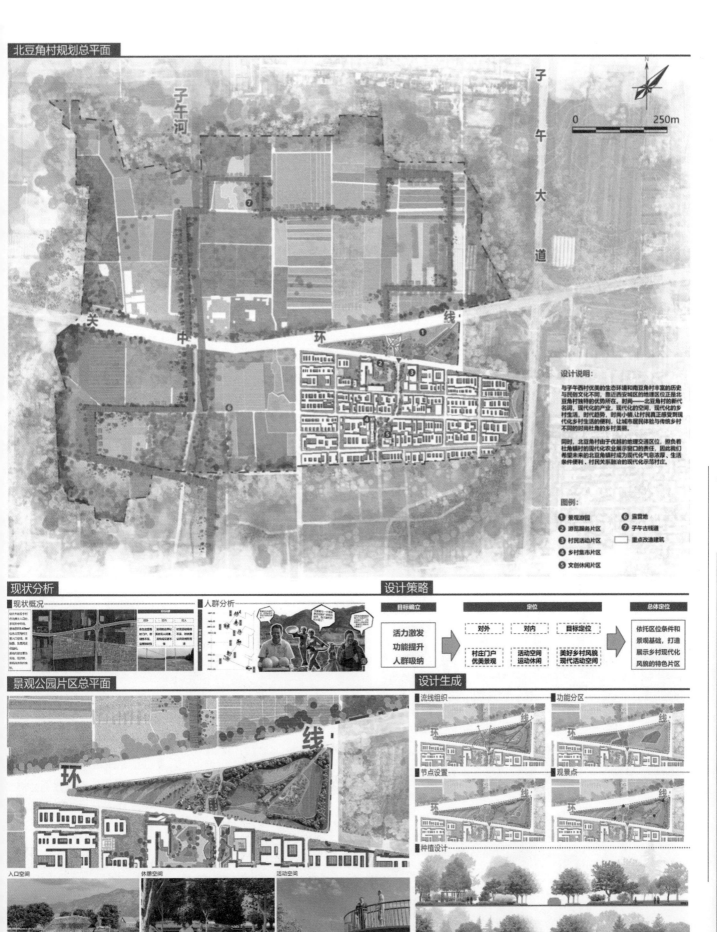

北豆角村规划总平面

子午河

子午大道

关 中 环 线

设计说明:

与子午西村优美的生态环境和南豆角村丰富的历史与民俗文化不同,靠近西安城区的地理区位正是北豆角村独特的优势所在。时尚——北豆角村的新代名词。现代化的产业、现代化的空间、现代化的乡村生活、时代趋势。时尚小镇,让村民真正感受到现代化乡村生活的便利。让城市居民体验与传统乡村不同的时尚杜角的乡村美丽。

同时,北豆角村由于优越的地理交通区位,担负着杜角镇打造现代化农业展示窗口的责任,因此我们希望未来的北豆角镇村成为现代化气息浓厚、生活条件便利、村民关系融洽的现代化示范村庄。

图例:

① 景观游园
② 游苑服务片区
③ 村民活动片区
④ 乡村集市片区
⑤ 文创休闲片区
⑥ 露营地
⑦ 子午古栈道
▢ 重点改造建筑

现状分析

现状概况

人群分析

设计策略

目标确立	定位		总体定位

目标确立: 活力激发 / 功能提升 / 人群吸纳

定位: 对外 / 对内 / 目标定位

村庄门户优美景观 / 活动空间运动休闲 / 美好乡村风貌现代活动空间

总体定位: 依托区位条件和景观基础,打造展示乡村现代化风貌的特色片区

景观公园片区总平面

环 线

设计生成

流线组织

环 线

功能分区

环 线

节点设置

环 线

观景点

环 线

种植设计

入口空间

休憩空间

活动空间

西安建筑科技大学 杜角新貌·城心乡往

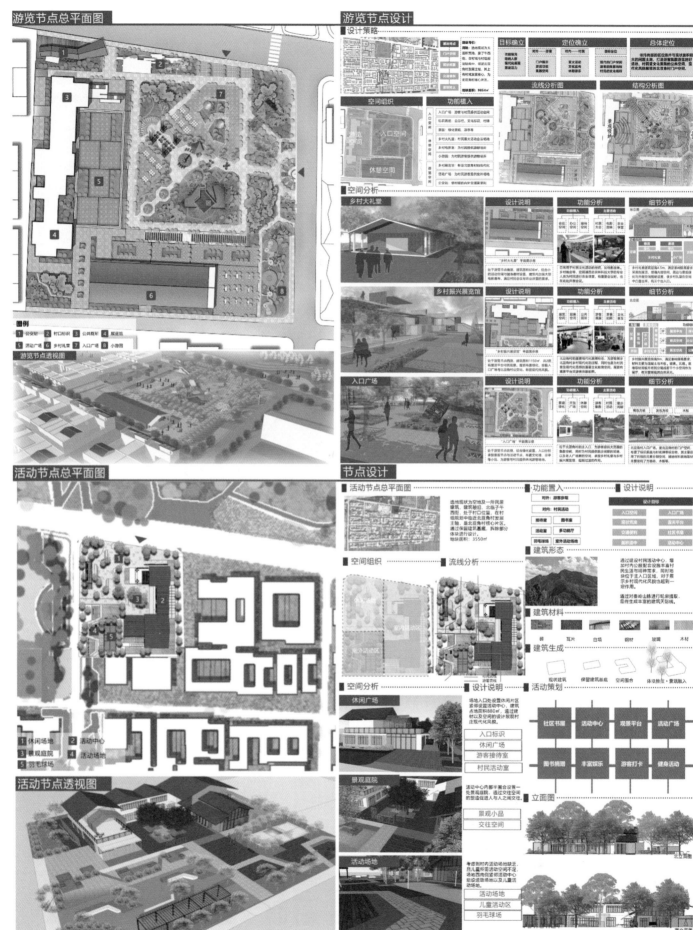

游览节点总平面图

游览节点透视图

活动节点总平面图

活动节点透视图

游览节点设计

设计策略

空间分析

节点设计

功能置入

设计说明

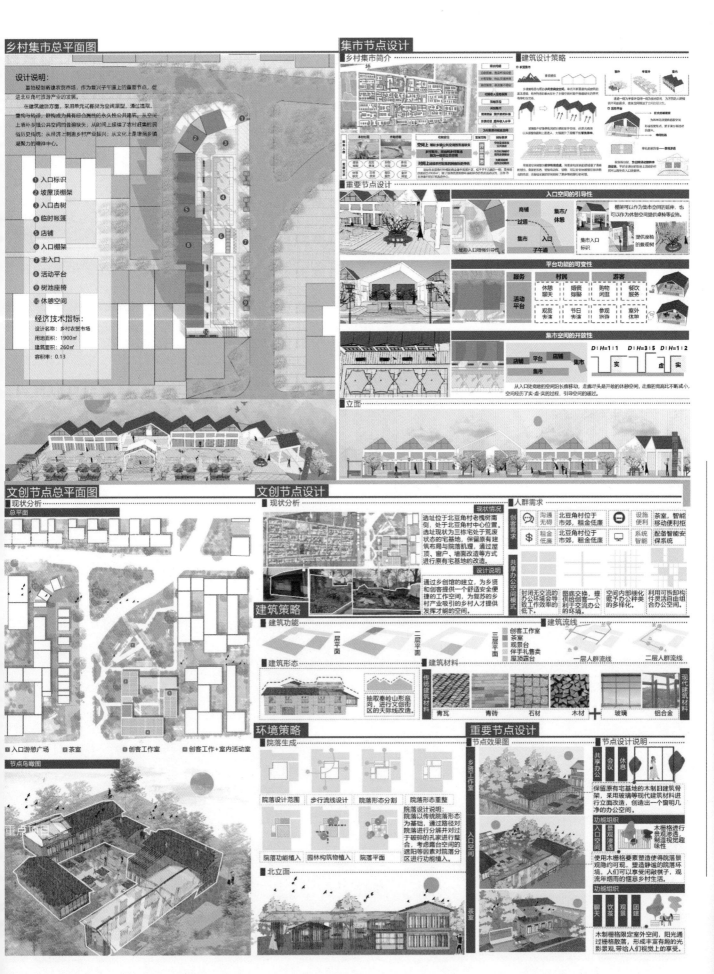

西安建筑科技大学　杜角新貌，城心乡往

民宿节点改造

具体改造措施

- 平屋顶改为深灰色坡屋顶（双层屋面）
- 建筑墙体使用白色和木色错位喷涂
- 改变部分窗户面积，丰富立面效果
- 增加户前过渡空间
- 将红色铁门改为推拉玻璃门

装配式度假屋设计

部品	材料	特性
主体结构	钢结构	抗风13级、抗震8级
外墙墙板	防腐木制外墙	外墙材质多种可选
屋顶材料	一体化屋顶面板	
保温材料	挤塑板	保温达到国家标准
内墙与吊顶材料	竹木纤维墙板	环保E0级、防火B1级
地板材料	pvc卷材地板	环保E0级、防火B1级
窗系统	铝合金断桥窗	K值1.5
照明	LED光源	4000K中性光色温

类型一 23㎡　　类型二 23.5㎡　　类型三 20㎡

杜角镇村鸟瞰效果图

城乡规划学
李宇辰

作为本科生涯的最后一个课程，很幸运地选择了参加四校乡村联合毕业设计，这三个月的学习历程，让我不光前往乡村看见了乡村最真实的模样，也切实地去了解了乡村与村民在当今社会下面临的真正问题，正是为了思考与解决这些真实存在的问题，我学习了许多关于乡村现代化的知识，也感知到了城乡规划专业的独特魅力，这些经历都是我迈入社会后宝贵的经验与知识。

作为本次北豆角村组的组长，我在与组内同学的沟通与交流中也锻炼了组织能力，同时结识了许多其他三校的优秀同学与老师，在答辩后也得到了无数宝贵的建议与意见。最后我想感谢我们的指导老师们，感谢各位老师的辅导与栽培！

城乡规划学
郭　娜

作为大学生涯的最后一课，感谢毕业设计，正是通过这样一次机会，我开始了解乡村，真正地接触乡村，走进乡村；明白了脚踏实地地搞乡村建设、深入了解实际情况，才能做到心中有数，才能去高质量地做好一笔一画的蓝图，才能让一砖一瓦成妙景。

站在时间的这一端倒回去看，三个月的课程虽然短暂，但是却弥补了本科期间乡村建设空白经历的遗憾，即使这是我第一次也可能是最后一次接触乡村规划，但是也是一辈子的回忆了。

城乡规划学
白宇琛

很幸运地参与了这次四校乡村联合毕业设计，这次经历让我对乡村规划有了深入的了解，明白了设计的一切是以人为本，这不仅是一种审美层面的规划设计，更是落在实处去解决生活问题的方法，用设计去解决历史传承断裂问题，改善产业衰败的乡村现状，去提高村民生活的环境品质，去保护生态景观的优美秀丽。我希望通过设计勾勒出一个"田夫荷锄至，相见语依依"的和谐乡村生活，改变如今乡村人去楼空的落寞处境。

城乡规划学
刘云雷

随着答辩的到来，毕业设计也接近尾声。经过三个月的奋战，在老师和同学们的帮助下，我们完成了这次课题设计。三个月的学习和设计，让我对乡村的现状和未来的发展有了新的认识，让我体会到乡村振兴不再只是发展乡村旅游，乡村规划建设不但要关注到空间规划和建设，更应关注乡村的主体——村民的素质、能力和发展意愿。乡村的振兴与发展是一个全面提升的过程。

这次毕业设计有老师们的谆谆教导，也有同学们的互帮互助，不但增强了我们对专业知识的理解，也提升了我们的组织协作能力。通过这次毕业设计，我们消除了之前那种浮夸的心态，取而代之的是脚踏实地地努力工作学习。当我摆正自己的心态，以用心、乐观向上的心态投入到设计当中，突然觉得心中又多了一份人生的感悟，这次毕业设计让我深刻地体会到了专业的重要性，让我对自己有了一个更好的定位，为将来的工作打好了基础。

城乡规划学
杨　莹

通过本次四校乡村联合毕业设计，我体会到乡村问题的多重性和复杂性，在多次的方案更迭中，价值观的转换是最重要的一环，我们需要思考在现代化发展的背景下乡村到底需要什么样的空间，村民需要什么样的生活，去解决他们最切实的问题。在规划过程中，我认识到只有真正体会乡村生活，对乡村存有一份敬畏之心，我们才能更好地理解乡村，从而为乡村服务。在乡村的规划设计中更应该体现对土地的尊重、对人文的关怀。

感谢老师在我们整个设计中把控方向，答疑解惑，使我们懂得了很多东西，培养了大家团队合作的精神，同时也树立了对自己未来工作能力的信心。这次毕业设计让我充分体会到在乡村规划过程中探索的艰难和投入时的热情，所学到的种种必将使我受益终身。

风景园林学
薛若琳

作为风景园林的学生，很幸运能参加这次四校乡村联合毕业设计，第一次和城乡规划的同学合作，在磨合中我学到了很多。这也是第一次我可以从各个角度去观察乡村现存的问题，并通过风景园林的手段去尝试解决或改善。乡村如何更好地发展是一个很宏大的课题，尤其是在大规模的城市建设背景下，村民的生活方式发生了巨大的改变，我们如何在这样的环境下，为村民出一份力？我想在这次联合毕业设计中，我们通过规划设计自己理想的乡村的方式，也是交出了自己青涩的答案。

今居子午，乡梦杜角

青岛理工大学　Qingdao University of Technology

参与学生： 田雪琪　李　雪　程薪福　于　琪

指导教师： 朱一荣　刘一光　王润生　王　琳

教师释题：

2021年春，我们"四校乡村联合毕业设计"的北豆角村小分队来到坐落在这关中秦岭北麓的美丽村庄。春末细雨烟朦胧，乡间小路无人踪，如同避世桃园般的杜角镇村仍保持这原汁原味的关中乡村风情。子午古道口，关中环线处，若不是近年乡村旅游的兴起，村庄兴起了农家院，现代化发展打破了它的宁静，我们也许根本不会走近她，靠近她。

杜角镇村承载着从秦朝至今的子午古道历史，也承载着1949年以来来来往往的村民与游客记忆。如我国其他乡村一样，杜角镇村是关中地区西安市近郊区的普通村落，其面对的发展问题具有普遍性，生态文明建设理念下生态保护与乡村发展如何协调、城乡融合背景下乡村如何融入都市圈，支撑国际化大都市的发展战略以及乡村振兴战略目标下乡村现代化发展与传统文化传承如何协调。我们在"终南山居"主题背景下，对杜角镇村进行历史挖掘，对政策进行深入剖析，对当地村民进行访谈，解读杜角镇村的过去与现在，从生态、产业、历史、邻里关系、建筑等子主题进行现状问题提出、对象研究、策略体系构建和空间建构等工作，环绕着"在地设计"进行，不脱离乡村本身需求提出发展方向与建议。

贾平凹曾用一口地道的陕西话说道"我突然觉得，我们有了月亮，那无边无际的天空也是我们的了，那月亮不是我们按在天空上的印章吗"，秦岭，商洛，是他所有故事的发生地。他说写作必须先找到自己的根据地，所以在人们忙着出名，忙着离乡，忙着涌入城市的时候，贾平凹回到了自己创作的根据地。他心中的秦岭，为自己提供了创作的动力和源泉，而他又为秦岭写下了永久的故事。涵养与回报，仿佛是一个作家与故乡最温情的所属关系。其实不只是作家，每个人的心中都有一座秦岭。它或许是江南水乡里某一条青瓦房排成的窄街，或许是西北山匹里罕见清泉流过的粮食地，也或许是雨季里鸟儿归巢、植物飞快拔节时候最广袤的草原。

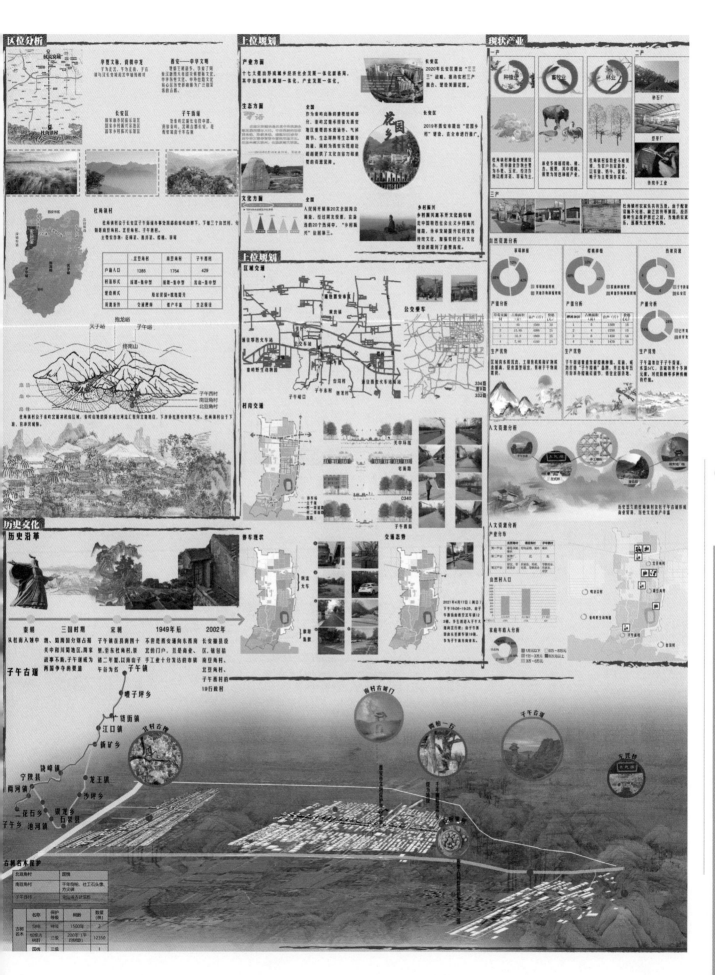

青岛理工大学　今居子午·乡梦杜角

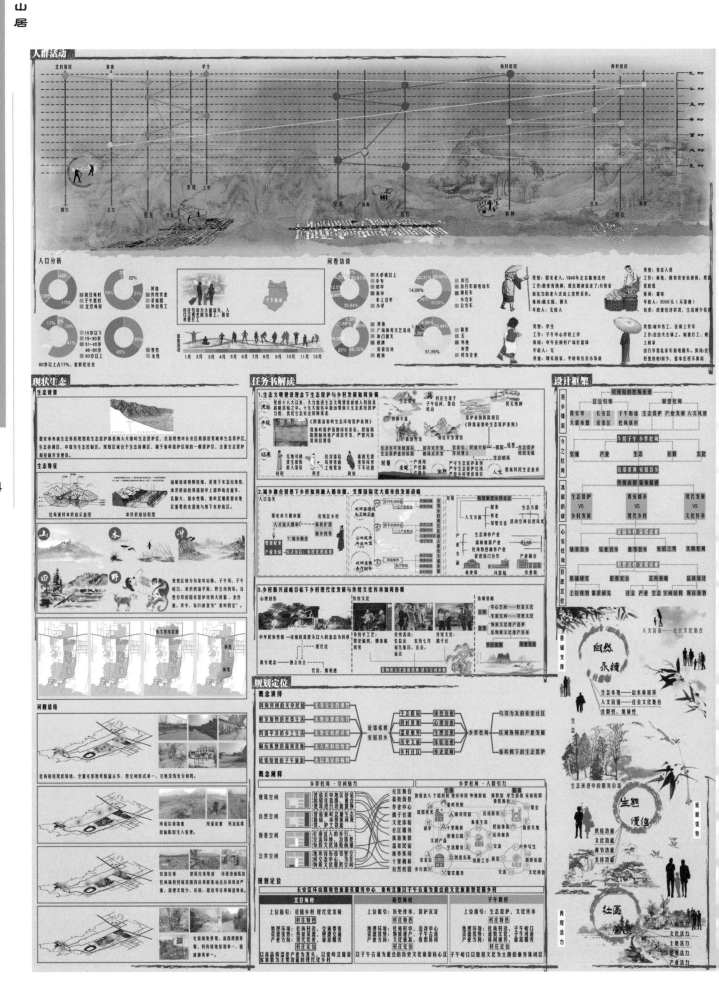

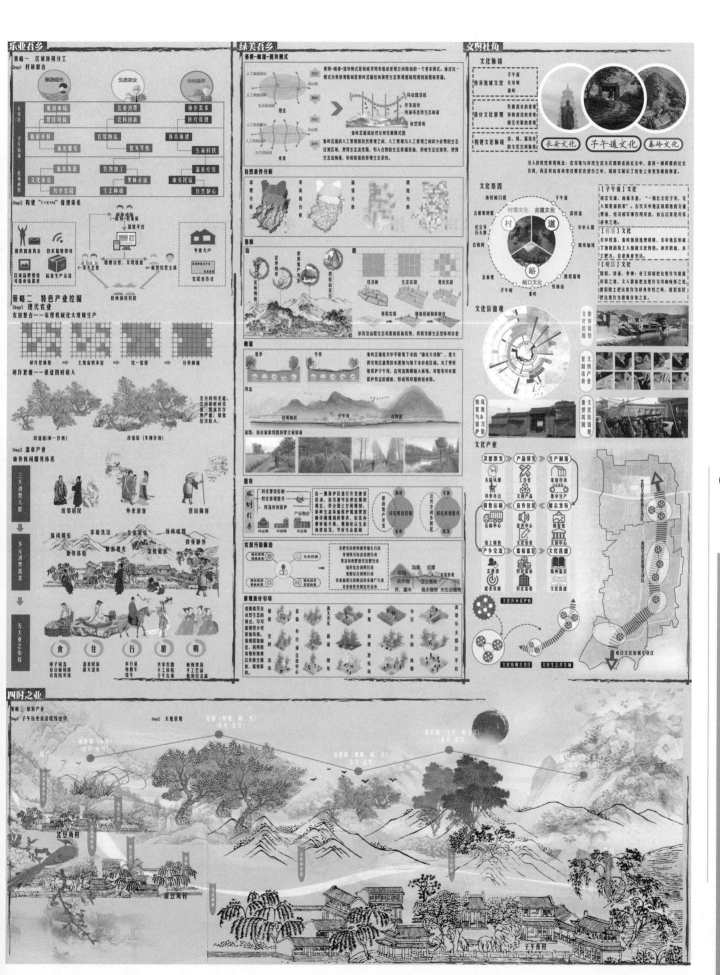

035

青岛理工大学　今居子午·乡梦杜角

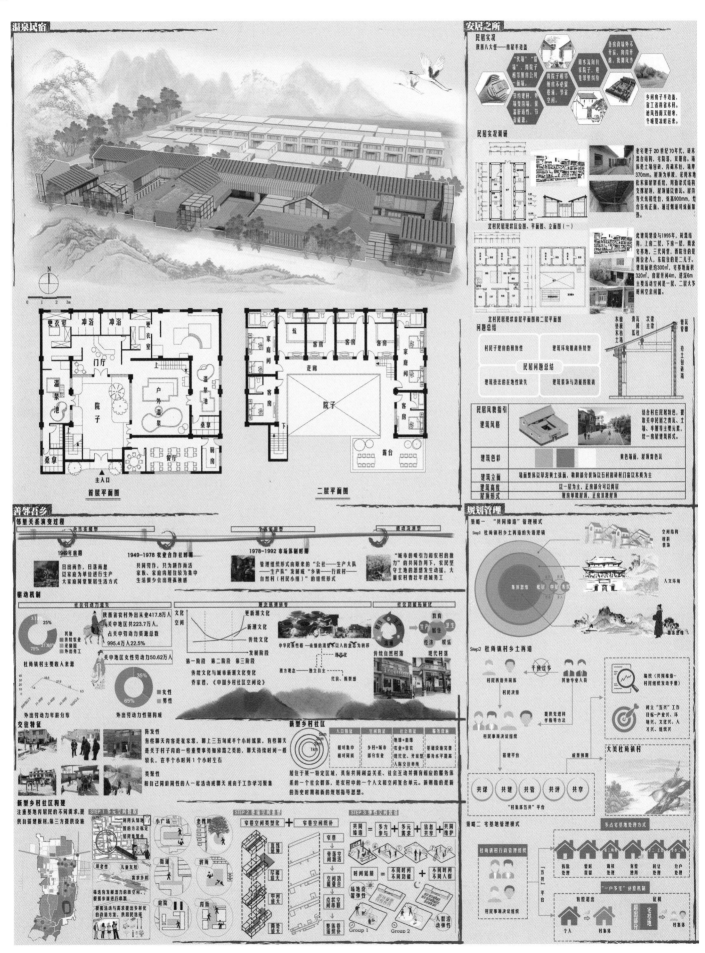

温泉民宿

安居之所

善邻吾乡

规划管理

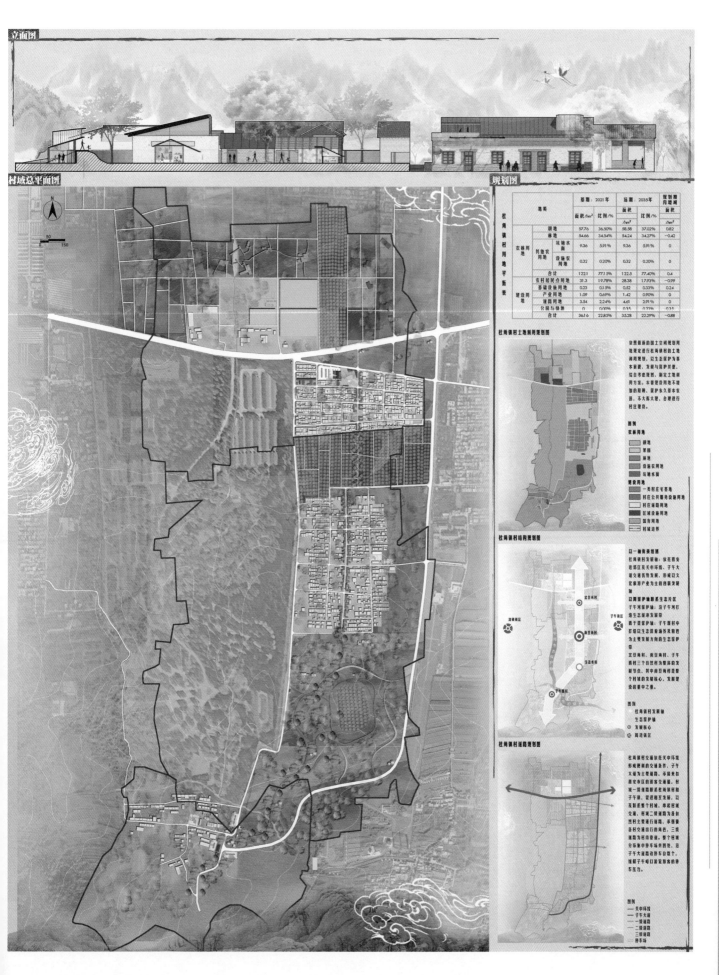

村域总平面图　　规划图

杜角镇村用地平衡表

地类		基期：2021年		远期：2035年		规划期内增减
		面积/hm²	比例/%	面积/hm²	比例/%	面积/hm²
农林用地	耕地	57.76	36.50%	58.58	37.02%	0.82
	林地	54.66	34.54%	54.24	34.27%	-0.42
	其他农 用地 城镇水 面	9.36	5.91%	9.36	5.91%	0
	设施农 用地	0.32	0.20%	0.32	0.20%	0
	合计	122.1	77.1.5%	122.5	77.40%	0.4
建设用 地	农村居民点用地	31.3	19.78%	28.38	17.93%	-0.99
	基础设施用地	0.23	0.15%	0.52	0.33%	0.24
	产业用地	1.09	0.69%	1.42	0.90%	0
	道路用地	3.54	2.24%	4.61	2.91%	0
	公园与绿地	0	0.00%	0.35	0.22%	0.25
	合计	36.16	22.85%	35.28	22.29%	-0.88

杜角镇村土地利用规划图

依照最新的国土空间规划和用地现状进行杜角镇村的土地利用规划，以生态保护为基本前提，发展与保护并重，综合考虑规划，制定土地利用方式方案。本着建设用地不增加的原则，保护永久基本农田，本人有大建，合理进行村庄建设。

杜角镇村结构规划图

以"一轴两廊四片"

杜角镇村发展轴：依托西安近邻且关中环线、子午大道交通优势发展，形成以文化为源产业为主的创新发展轴。

以围墙护林敷生态片区：子午河保护区：沿子午河打造生态发展区。

西子提绿护林：子午围村中打造以生态育场与特色为主要发展方向的生态发展区。

龙豆两村、面豆两村、子午西村三个自然村为联辅的发展节点，其中南豆两村是整个村域的发展核心，是村庄建设的重中之重。

杜角镇村道路规划图

杜角镇村交通依托关中环线形成便捷的交通条件，子午大道为主要道路，承接来自西安市区的旅客交通流，村村一级道路联系杜角镇村和子午镇，完善道路及系统，以瓦联着各个村庄，串起村域交通，村域二级道路为各自然村主要道路。二级道路为村内分路，承接各村主要交通出行的消息。三级道路分布集中停车场共用图。近子午大道道路停车数量个。缓解子午镇口游览旅客的停车压力。

青岛理工大学　今居子午·乡梦杜角

规划图

杜角镇村产业布局规划图

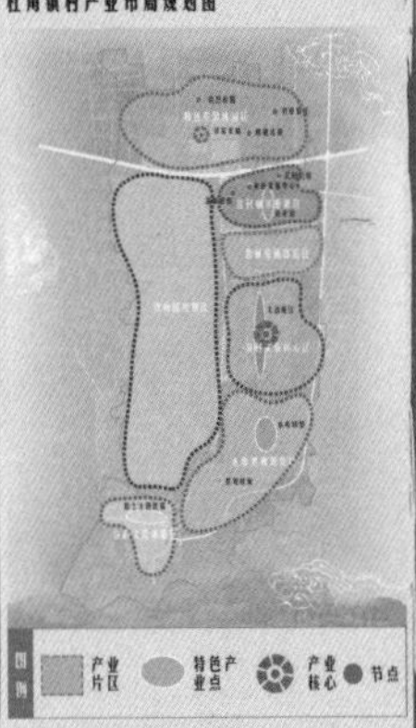

杜角镇村林地布局规划图

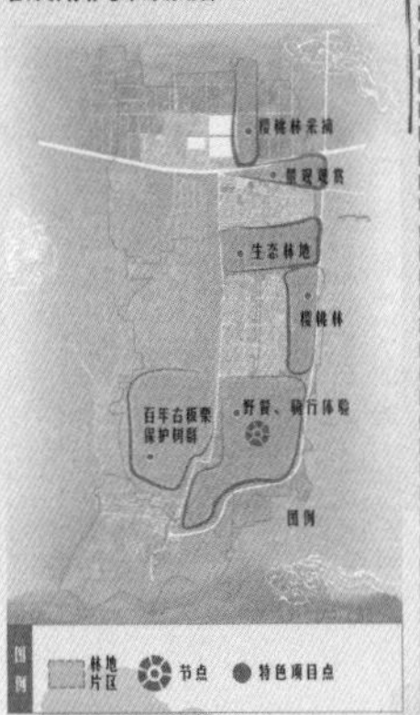

节点分析

水库休闲绿地

利用闲置水库进行功能改造，建设漫步绿道，打造集休闲、娱乐、漫步、露营为主要功能的生态休闲区。

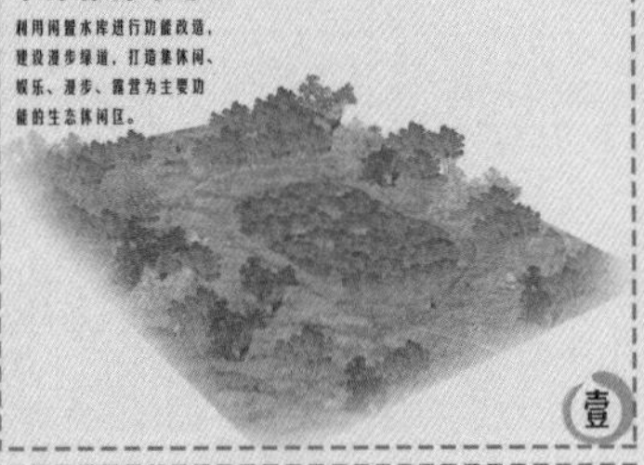

大槐树广场

利用闲置水库进行功能改造，建设漫步绿道，打造集休闲、娱乐、漫步、露营为主要功能的生态休闲区。

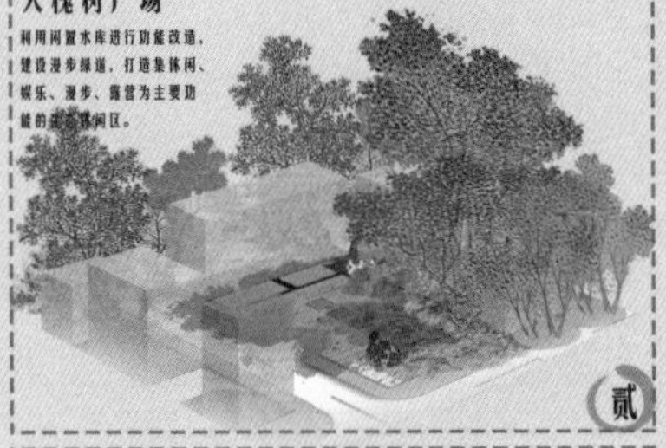

中心广场

北村村民活动的中心广场，通过空闲用地、宅基地置换腾挪得到，作为北豆角村最大的中心广场，主要为村民提供休闲活动、健身娱乐的场所，增进邻里交往，和谐村民关系。

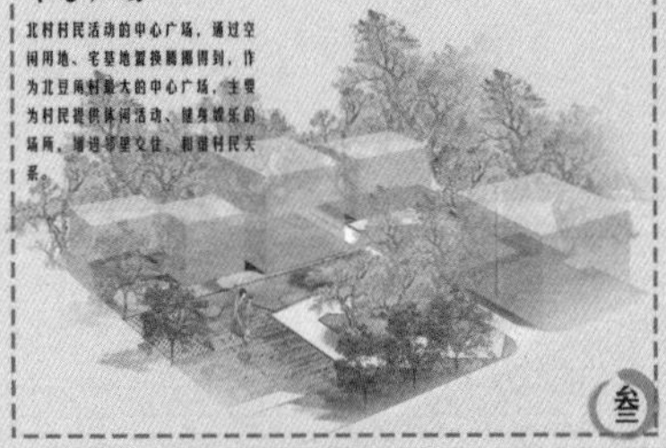

自然校园

利用关中环线北侧耕地及子午河水系，打造"农田+校园"生产经营模式，将西安市、长安区等高校引入田园，让学生感受田园风光，陶冶情操。

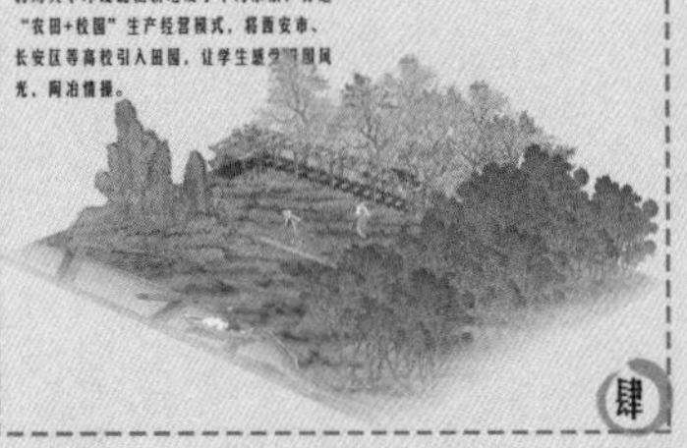

游客服务中心

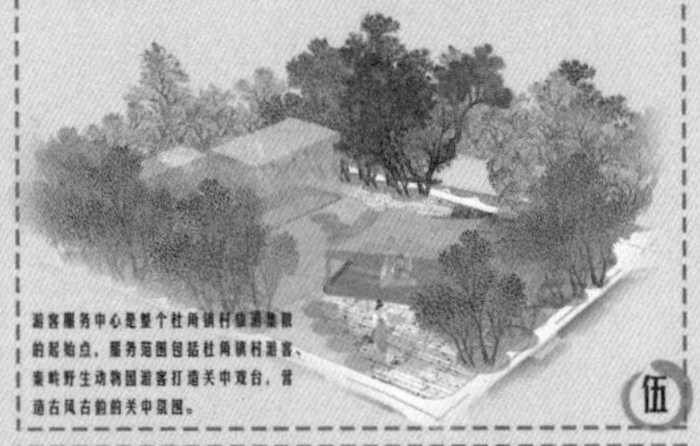

游客服务中心是整个杜角镇村旅游集散的起始点，服务范围包括杜角镇村游客、秦岭野生动物园游客打造关中戏台，营造古风古韵的关中氛围。

共享农庄

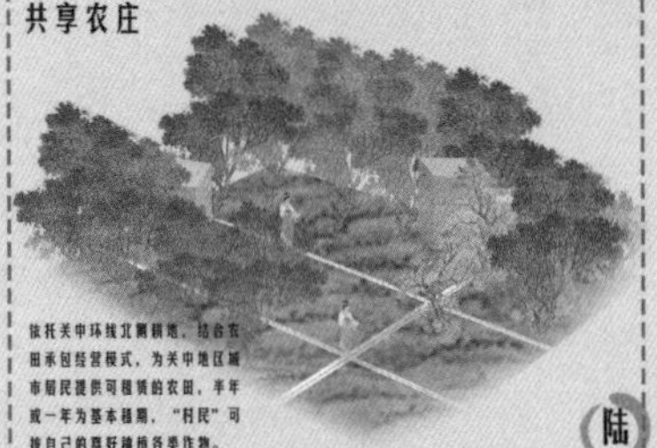

依托关中环线北侧耕地，结合农田承包经营模式，为关中地区城市居民提供可租赁的农田，半年或一年为基本租期，"村民"可按自己的喜好种植各类作物。

北村公园

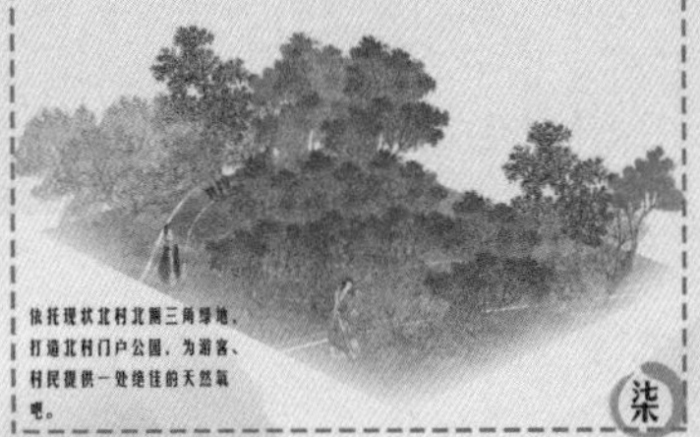

依托现状北村北侧三角绿地，打造北村门户公园，为游客、村民提供一处绝佳的天然氧吧。

北村商业街

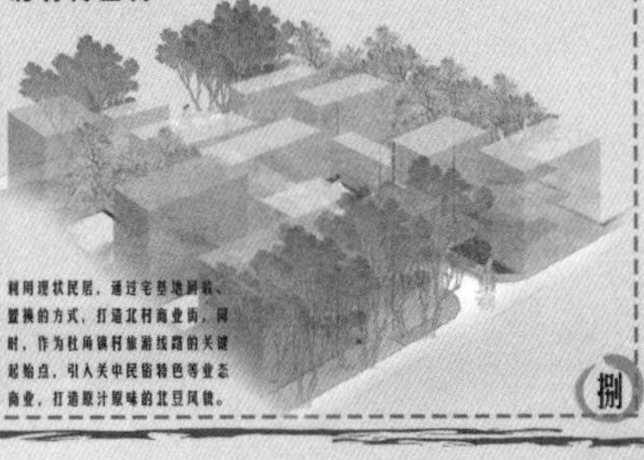

利用现状民居，通过宅基地回收、置换的方式，打造北村商业街，同时，作为杜角镇村旅游线路的关键起始点，引入关中民俗特色等业态商业，打造原汁原味的北豆风貌。

樱桃采摘园

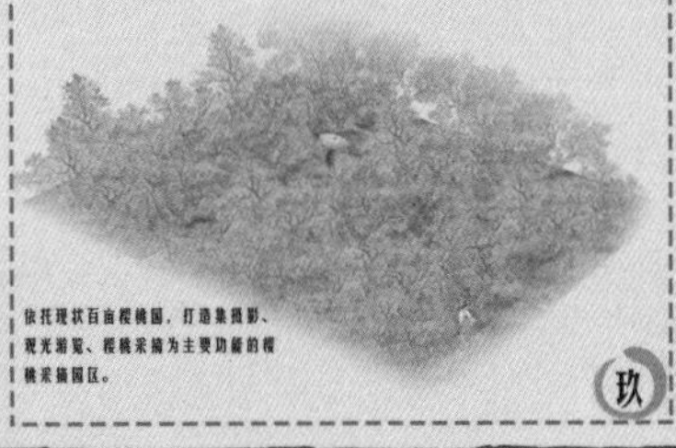

依托现状百亩樱桃园，打造集摄影、观光游览、樱桃采摘为主要功能的樱桃采摘园区。

村域鸟瞰图

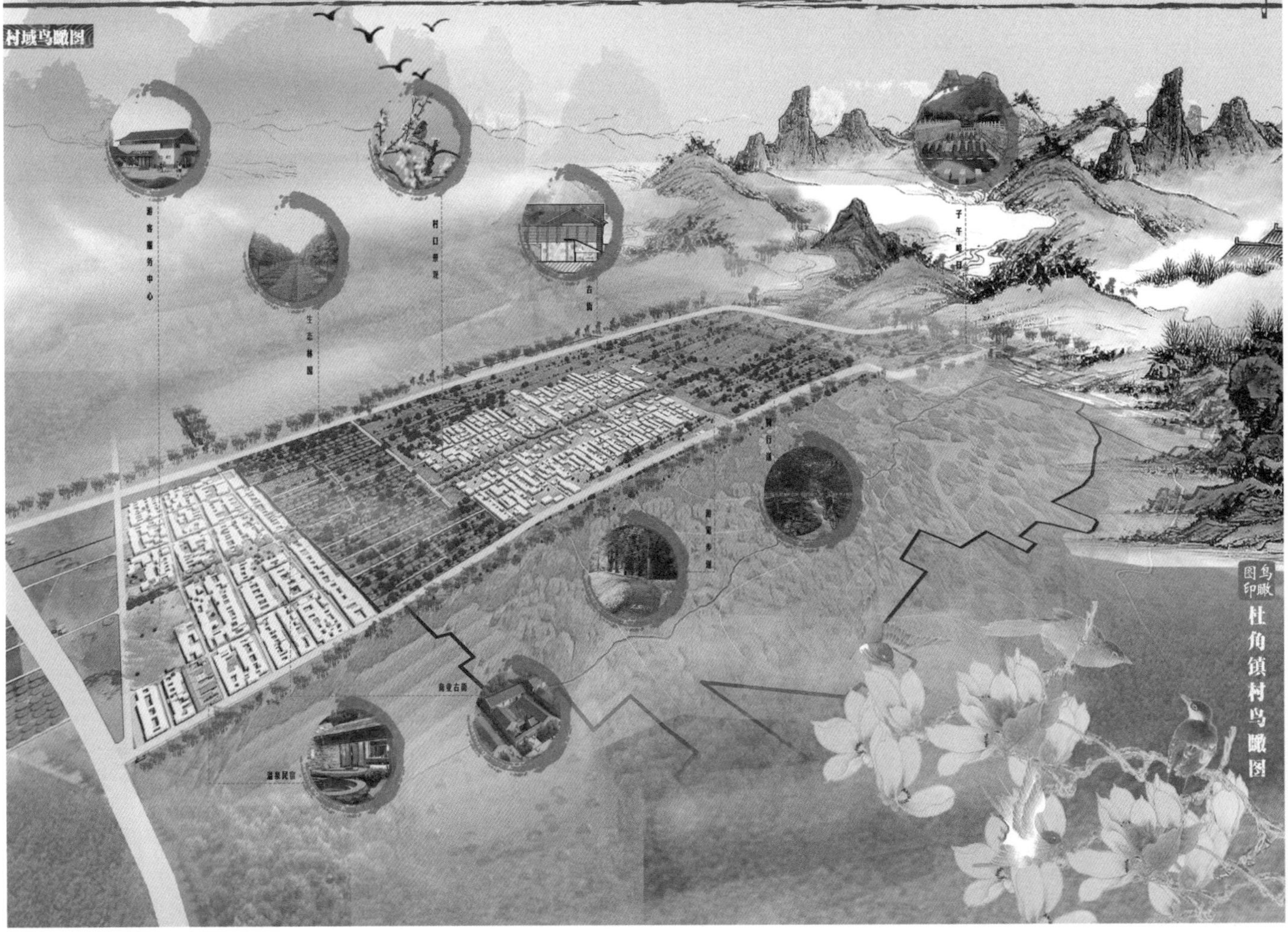

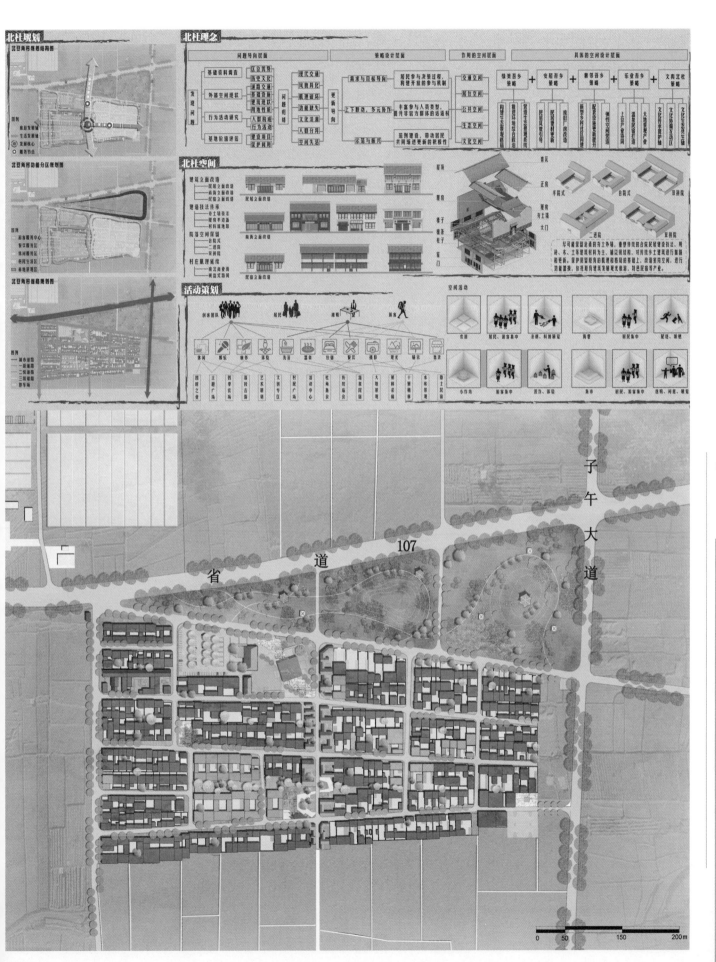

青岛理工大学 今居子午，乡梦杜角

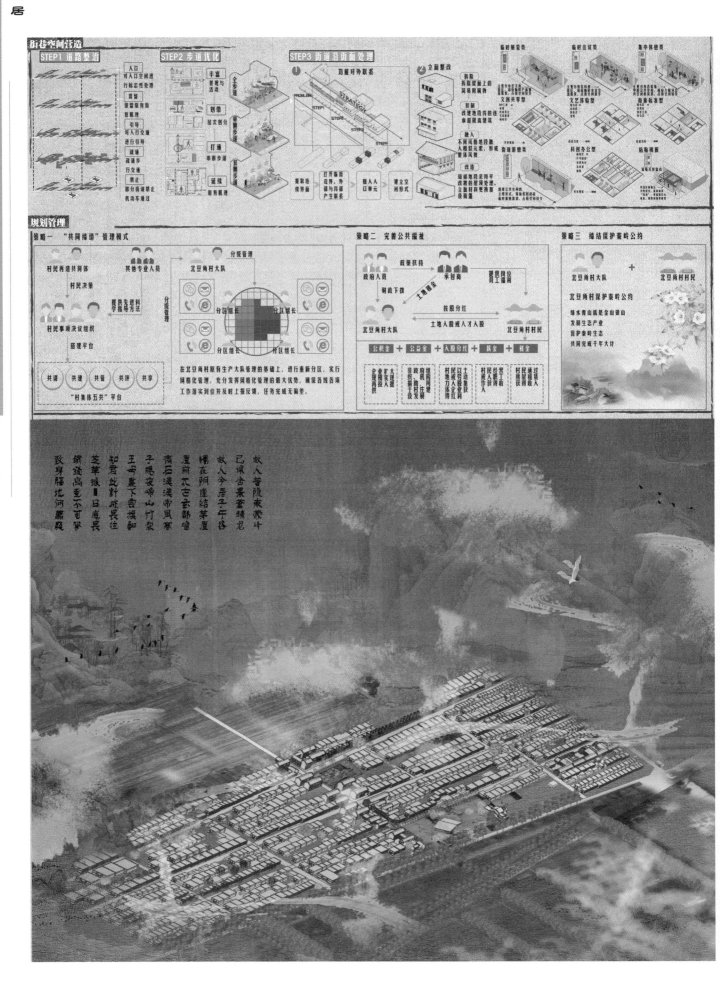

街巷空间营造

STEP1 道路整治

STEP2 步道优化

STEP3 街道沿街面处理

① 功能对外联系

STRATEGY

② 立面整改

规划管理

策略一 "共同缔造"管理模式

村民再造共同体 — 其他专业人员 — 北豆角村大队

村民决策

分级管理

村民事项决议组织

搭建平台

共谋　共建　共管　共评　共享

"村集体五共"平台

在北豆角村原有生产大队管理的基础上，进行重新分区，实行网格化管理，充分发挥网格化管理的最大优势，确保每条线各项工作落实到位并及时上报反馈，任务完成无偏差。

策略二 完善公共福祉

政府人员　政策扶持　承包商　提供岗位员工福利

财政下拨　土地租金

按股分红　土地入股或人才入股

北豆角村大队　北豆角村村民

公积金 ＋ 公益金 ＋ 入股分红 ＋ 薪金 ＋ 租金

策略三 缔结保护秦岭公约

北豆角村大队 ＋ 北豆角村村民

北豆角村保护秦岭公约

绿水青山就是金山银山
发展生态产业
保护秦岭生态
共同完成千年大计

城乡规划学
田雪琪

　　非常荣幸能够参与到此次四校乡村联合毕业设计当中去，在毕业设计过程中我们深入关中乡村，与各校同学一起调研并讨论，感受到各校优秀学子的魅力的同时也真正实现了在地设计的理念。

　　入村调研的深刻体验让我对乡村有了更深入的认知。还记得台沟村"杏缘"的大伯热情地迎客"只有有缘人才来到俺这杏园哩"，还记得每周都会从市区赶来子午峪爬山的八十余岁的老先生，这是只属于关中人民的淳朴乡风。

　　感谢这次四校联合毕业设计中的朱一荣老师、刘一光老师、王琳老师及王润生老师的指导，仍记得初期调研时朱老师和刘老师为我们讲解到凌晨，王润生老师在飞机上也不忘帮助我们更好地理解乡村，以及王琳老师在毕业设计中的各项安排有序。整个过程都将成为我大学五年中最独特的记忆。

城乡规划学
李　雪

　　非常开心可以参与到这次四校乡村联合毕业设计当中，成为此次联合设计的一份子，也给我的本科学习生活画上了一个圆满的句号。在此次联合毕业设计中，我认识了许多在本专业领域有着独特见解和丰富经验的老师们，在被指导过程中感受着他们身上的专业素养和精神思想，学到了许多书本上得不到的东西。

　　与其他三个学校的同学一起相互学习，共同进步，感受着不同学校的教学特色，找寻自身的缺点和不足。最重要的是通过本次联合毕业设计进行村庄规划，感受到乡村独特的魅力，感受最深的是身为规划从业者身上的社会责任感和担当，要为"人"考虑，拥有人文关怀。

城乡规划学
程薪福

　　五年规划学习，如白驹过隙，毕业设计作为规划学习生涯的一个节点也是职业生涯的开始，对于我们来说还是有不少考验的。面对陌生的村庄，优美的环境，险峻的秦岭，质朴的村民，规划师的责任感油然而生。

　　四校乡村联合毕业设计不仅仅是一个毕业设计。它更多地承载了许许多多规划师生的规划情怀：扎根于祖国各地，到乡村中去，为渐渐衰败的乡村贡献自己的知识与青春。这种脚踏实地、根植乡村的精神是联合毕业设计教给我最重要的东西。感谢四校联盟给我舞台让我在广大乡村土地上学习与成长，感谢母校青岛理工大学的教育与栽培，感谢朱一荣老师的指导与教诲，感谢团队中一起奋斗的伙伴们，田雪琪、李雪、于琪。毕业之时，不忘使命，若干年后，定初心不改！

城乡规划学
于　琪

　　感谢朱一荣老师、刘一光老师、王润生老师、王琳老师对我们的指导，很高兴能和田雪琪、李雪、程薪福同学一起完成大学最后一次设计。在紧锣密鼓工作的近三个月期间，思想的碰撞激起智慧的火花，巨大的困难也让我们越挫越勇，功夫不负有心人，我们最终还是为此次"终南山居"画上了圆满的句号。

　　此次杜角镇村庄规划设计让我认识到，作为设计者不仅要了解规划对象的现状，更要梳理其中隐藏的主线——历史脉络，从时间的维度、用动态的眼光去看待、解决问题。乡村的振兴，不仅仅需要政策上的支持，更需要社会各界共同支持关注。希望以后可以更多地接触乡村规划设计，让时间带给村庄的情愫种子生根、发芽、开花、结果。

云栈采薇 · 古道祈福

华中科技大学　Huazhong University of Science and Technology

参与学生： 王雪妃　徐　灿　陈孔炎　罗凯中

指导教师： 王智勇　任绍斌　洪亮平　乔　杰

教师释题：

　　诺贝尔经济学奖得主、美国经济学家斯蒂格利茨认为，美国高科技产业和中国的城市化将是 21 世纪对世界影响最大的两件事。改革开放以来，中国经历了 40 年快速城市化的发展，正在从"乡土中国"快步走向"城市中国"。新世纪以来，我国进入了全面建设小康社会发展阶段，统筹城乡协调发展被提上"工作日程"。没有农业现代化……国家现代化是不完整、不全面、不牢固的。所以，城乡协调融合发展是全面建成小康社会的根本要求和根本途径。自 2004 年以来，中央一号文件连续 18 年聚焦"三农"，乡村振兴战略成为后扶贫时代"三农"工作总抓手。

　　本次四校乡村联合毕业设计的选址位于秦岭北麓的长安区子午街办杜角镇村，也是西安大都市区边缘的城郊型乡村，面临着生态保护与乡村发展的双重任务。秦岭是中国地理的南北分界线，有调节气候、保持水土、涵养水源等诸多功能，被誉为中国的"生物基因库"和"绿色水库"。2021 年陕西林业局发布的《陕西省秦岭生态空间治理白皮书》指出，秦岭生态功能完备，是中国顶级生态空间。本次规划设计的重点及面临的三大挑战：一是围绕长安区子午街办乡村面临的生态保护与乡村发展；二是乡村如何融入都市圈，支撑国际化大都市的发展战略；三是乡村现代化与传统文化传承。本次联合设计立足于扎实的田野调查与现状分析，明晰长安区子午街办杜角镇村发展面临的现实困境，探讨乡村生态保护、文化传承、产业发展、空间营造、特色塑造的新路径、新策略，结合国土空间规划改革的新要求编制实用性村庄规划设计。

2021年4月16日

区位分析

城市近郊，秦岭北麓，文化聚点

杜角镇村村位于"三区"之中，既是大都市近郊区，又是秦岭保护区，同时也是文化要素密集区，既存在其独有的优势，也有其发展的不足。一方面，城乡结合处使得村域往来通畅，依托重要的历史文化资源与良好的生态基底，可为村庄提供潜在的客源，产业与文化联动，共同促进村庄发展；另一方面，正因为存在生态资源禀赋的限制，使得建设村产业必须为生态保护让位，致使产业发展不良，一三产业动力不足，多种要素的属性互相冲突面这上，使得村庄定位有义明确，加之环境整治制约，使得村庄特色难以体现。

上位规划政策

乡村振兴战略	花园乡村
秦岭保护	秦岭保护
丝路文化产业	民宿康养

阐明了西安所处的秦岭生态保护的区位优势，各类发展规划则为杜角镇村发展文旅产业、传承古城文化提供了经验和机遇。独特的政策优势使得杜角镇村得以依托长安区发展规划，打造康养民宿、花园乡村、生态旅游等产业，实现乡村振兴目标。

村域人口现状

2015-2019年杜角镇村人口老龄化情况

杜角镇村的老龄化程度逐年加深，老龄化速度也在不断加快。村内缺乏辐射全村且功能全面的养老服务设施，养老模式单一。

在调查的家庭户中，家庭人数5~8人的占少数，而家庭人数为1~2的户数占到总户数的36%。这主要原因是杜角镇村中具有一定经济实力的村民会选择在城市工作、求学、买房定居。

村域经济现状

杜角镇村家庭经济收入结构

杜角镇村家庭年收入情况

村域景观风貌现状

田园景观风貌 / 自然景观风貌 / 建成环境风貌

杜角镇村靠近市区，有近22%的村民居住在农村，就业在城镇，出现城乡职住分离的现象，造成"钟摆型"城乡通勤交通。其中近52%的村民处于常年留村的状态，约26%的村民常年在外打工、求学，仅在节假日返乡。

村民受教育程度普遍偏低，村民从事职业结构单一，近12%的村民处于无工作的状态，近24%的村民无法描述出具体的工作，通常以在城区务工为主，具有不稳定性和流动性，使杜角镇村的产业发展进一步受限，较难开拓二产和乡村旅游、乡风民俗体验等服务业，较难提高农产品附加值。

村域自然条件分析

高程分析 / 坡度分析 / 水系分析 / 坡向分析

秦岭地理格局：北仰南俯，西高东低

杜角镇村生态格局："背山临田，河流走廊，林村相间"

村域产业发展分析

产业类型	现状	发展潜力评估	潜力等级
第一产业	农业 以村民自种为主，规模范围约860亩，主要为小麦、玉米等	大部分被征收	一般
	林业 以公益林(封山育林)为主，已形成了820亩生态林用地，经济林木主要以合理、核桃等	未来可发展果树经济林产业	高
	畜牧业 该村养殖业以单户圈养为主要养殖品种主要为鸡、鹅、羊等	受用地规模和范围限制，发展潜力低	低
第二产业	木器厂 规模：自家院子 收益：8万~10万元	受用地规模和政策限制，发展潜力低	低
	沙场 规模：2亩 收益：8万~10万元	受用地规模和政策限制，发展潜力低	低
第三产业	观光旅游 发展水平较低，村内有农家乐、民宿	自然资源丰富，自然基底良好，若遇合理政策的情况下发展潜力大	高

村域交通现状

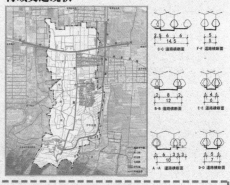

村域公共服务设施分布现状

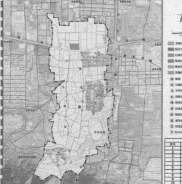

村域产业分布现状

村域建筑质量分析

1. 西村房屋质量整体较好，全为砖混结构，大多添加混凝土抹面但风貌较为单一面缺乏乡土特色；存在一些违建加盖构筑物可能存在安全隐患；基本每户都有院子可进行棋牌等社会往活动，在家门口可进行邻里交流。

2. 北村房屋地大多数为2000年代后新建建筑，仅5%为20世纪70~80年代建筑，村庄整体建筑质量较好；房屋为砖混结构，风格单一，建筑高度多为2层，新建建筑高度要求不可超过9m；村北北侧房屋不可于院子内加建建筑。

3. 南村房屋整体建筑质量中等，存在一些质量较差的砖混房或者破旧的房屋急待保修缮，建筑多为1~2层。

村域土地利用现状分析

现状用地构成表

北豆角村现状分析

建筑结构：砖混结构

建筑色彩：杂乱无章，土黄色、青灰色、朱红色、白灰色等

立面特点：两段式结构，主要墙面或红砖裸露，或简单粉刷，或墙角贴瓷砖，墙脚刷白石灰。墙面开口窗，或门窗左、右。

红砖裸露 / 简单粉刷 / 瓷砖饰面

门窗样式：门大多数为朱红色铁门、门框，门上挂布帘，两边基本对联，中间选用巨大的定制的大理石横幅。门的尺寸大约为2.2m×2.5m。窗户大多为四扇，随处可见圆拱型窗，也有城市里最常见的双向横拉窗，还有双向横拉窗＋防盗网，窗的尺寸大约为1.5m×1.5m。

门窗对称 / 门口铺装

院落空间 / 庭院铺装

软质景观铺装：颗粒石、棵木土、地板、漆木、乔木。

硬质景观铺装：花岗石、景观砖、防腐木。

乡土铺装材料：陶瓷碎片、石材、鹅卵石、铺砖、碎瓦，或门偏左、右。

公共空间

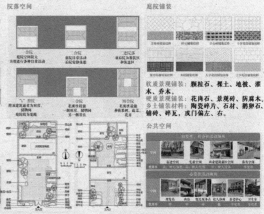

华中科技大学　云栈采薇·古道祈福

全國鄉村四校聯合畢業設計

FOUR-SCHOOL JOINT GRADUATION PROJECTS OF RURALS PLANNING &DESIGN

秦嶺北麓大都市近郊村村莊規劃—發展定位

技术路线

项目认知	发展条件研判	解题	专题研究	规划策略	方案生成
建设空间 空间区位 城市交通 乡村聚落 民俗文化	多元区位 城市近郊 秦岭北麓 文化聚点	生态保护及开发建设 守好生态本底	生态空间保护 历史文化传承	构建生态格局 守好生态底线	用地功能布局 产业发展规划 道路交通规划
农业空间 生产经济用地 特色果园 水库沟渠	政策引导 农业农村现代化 文化旅游体系建设	传统文化&现代文明 传统文化原真性保护	设施品质提升 产业体系完善	整合文化资源 复兴南北古轴 完善设施配套 强化特色风貌	公共服务设施规划 综合整治规划 节点范围确定 节点功能布局 近期建设规划
生态空间 地形地貌 河流水系 气候环境 生态林地	现状问题 区域 生态 文化 设施	乡村发展融入都市圈 "三合"现代化		目标定位	融入文旅新业态 一三互促共进 分期发展时序 践行村民利益 乡村治理保障

主题诠释

核心问题	优化途径	具体需求与措施	主要目标
如何协调生态保护与开发建设的矛盾? 核心问题一 生态要素失活 开发建设停滞 → 区域缺乏联动 经济发展受限 人口相外流	整合生态要素 盘活催化土地	梳理特色生态资源 构建区域生态网络 梳理闲置宅基地 腾退出开放空间 置入绿色产业业态	"依山向田" 形成独特的生态格局
如何避免现代文明对传统文化的冲击? 核心问题二 生活方式异化 历史空间失活 传统文化消亡 → 缺乏核心产业 社会关系内耗 城乡隔阂加深	整合历史要素 融合现代生活	梳理优秀历史文化要素 将物质要素融入公共空间 非物质要素通过活动复兴	"古今共荣" 复兴特色的历史风貌
如何推进乡村现代化并融入都市圈发展? 核心问题三 生产方式老旧 设施配套滞后 扩散大于吸引 → 人口持续外流 被都市圈吞没	置入创新业态 优化设施配套	置入现代化农业生产技术 一三联动推动旅游服务发展 注入一定社会资本进行带动 完善设施配套优化服务体验	"宅园共生" 构建创新的产业业态 实现城乡融合

专题研究

生态空间保护

政策背景

三大生态保护分区	位于一般保护区	位于产业文化区	政策核心思想	发展要求
根据海拔高度将秦岭自然保护地分为三大分区核心保护区、重点保护区、一般保护区。	主要以生态保育和生态控制为主,对区内开发建设进行严格控制	适合发展生态农业、生态文化、生态旅游产业开发为主:文化旅游	核心目标:生态保育 重点:绿色产业 人居环境要求	产业发展要求 → 整合旅游资源 发展文旅产业 建设控制要求 → 建设控制总量 限制工业布局 人居环境要求 → 控制建筑风貌 协调周边景观

现状格局特征 / 生态敏感性分析与生态格局构建

生态格局构建 "一带一轴一区两心"

生态敏感区治理对策

主要生态问题
水量锐减 空气污染
景观稀疏 地质灾害

历史文化传承

村庄历史

文化资源现状分布

物质文化资源	区域资源	子午古道 金仙观
	内部资源	城楼 社公祠 古树 头道桥
	节庆活动	特殊游子
非物质文化资源	营建技艺	民居营建技艺 手工技艺
	历史传说	荔枝故事等
	表演艺术	社火 鼓乐等

古道文化

起源—汉	最早设置关中门户
发展—三国	兵家必争之交通要地
鼎盛—唐	"荔枝道"
衰落—南宋	成为军道

红色文化
- 子午次议
- 陕西抗日第一枪 杜角镇整编
- 小五台战斗

农林文化
编笼 火炮

保护利用对策
立足本地文化资源,发展特色绿色产业
全域联动发展,打造区域融合模式

- 区域层面
- 节点层面

戏曲文化
- 道教文化
- 金仙观
- 白乐社

设施品质提升

景观风貌
田园生产风貌
耕作方式
- 人力+机械
农作物种类
- 花果类、西洋茶、樱桃、杏、葡萄、柿子
农田肌理
- 破碎不齐

公共空间
三个空间层次

两类服务对象

两类空间要素

游览线路模拟

风貌引导策略
村庄聚落

田园风貌

建成环境

产业体系完善

现状问题	旅游业置入	农旅项目	新型经营模式	产业结构规划
破碎不成体系 农业效率低下 果林业利润低	一产 基础产业 规模化生产 网络平台售卖 种植体验 研学旅游	农业发展 生态观光 创意设计	政府引导 企业入驻 村集体管理 技术助力	
个体化独立化 经营驱动力不足 服务配套缺乏	二产 资源整合 三产 特色产业	设施配套 服务培训		城乡融合发展

规划思路

区域联动,全域覆盖
乡村地域空间系统是由多重要素互相作用而形成的具有综合多维性和动态演变的开放系统,产业、土地和人口是影响村庄社会经济发展的三个核心要素,乡村振兴的目标通过城乡相互作用,系统构建"业—地—人"三个要素在乡村空间的有机融合,从而能够"兴业、集地、聚人"。

因地制宜,彰显特色

文化培育:子午品牌
作为由子午峪的第一个村庄,凭借自身历史文化资源,利用现代农业技术发展规模化农业、生态产业,打造子午品牌。

农田活化:农事体验
整合破碎农用地,利用现代农业技术发展特色农副产业,培育体验式农业。

村庄美化:一村一景
充分挖掘三个自然村自周有的山水、林田等自然资源,打造移步异景、一步一停的田园风光体验。

风貌整治:关中特色
关中传统民居建筑坐南朝北、青砖青瓦、夯土墙,挖掘提取传统元素打造特色风貌。

樱桃 草莓 杏 李 甜瓜 葡萄 柿子

明确重点,分步实施

近期2025	提升村庄环境 完善基础设施 塑造子午韵味	政府主导 社会合作 村民建设
中期2030	盘活乡村资产 完善产业链条 树立特色品牌	政府引导 社会主导 村民经营
远期2035	村域全面发展 提升区域影响 形成乡村范本	政府引导 社会主导 村民多元化经营

规划策略

织绿——生态育村
生态保护
子午峪河沿岸整治
秦岭山脚植被整治

景观改造
"两纵四横"绿廊
沿山步道联动区域
沿河生态景观廊道

织古——文化兴村
综合服务
游客中心 生态停车

创意文旅
保留在地文化

艺术活动场馆

休闲体验
纪念购物 特色民宿

织田——农业振村
基础农业
科技农业

旅游农业
观赏性作物
食用性作物

织筑——公服助村
骑行
公共活动中心
医疗设施
社区中心

发展定位

以创意文旅、休闲生态、农旅体验为主要触媒,
以西安大都市区为主要辐射对象,
"依山向田,宅、园共生,古今共荣"的特色文旅型村庄

功能定位

子午历史文化传承核心	大都市近郊生态休闲地	关中特色农业观赏体验区

形象定位

依山向田	宅、园共生	古道门户
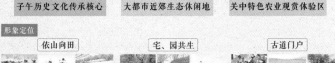		
宜居生活+产业融合	生态保护+观光休养	文化品牌+政企合作

发展模式

市民下乡
能人回乡
企业兴乡
村民兴乡
村企合作
市场运作 → 城乡融合发展

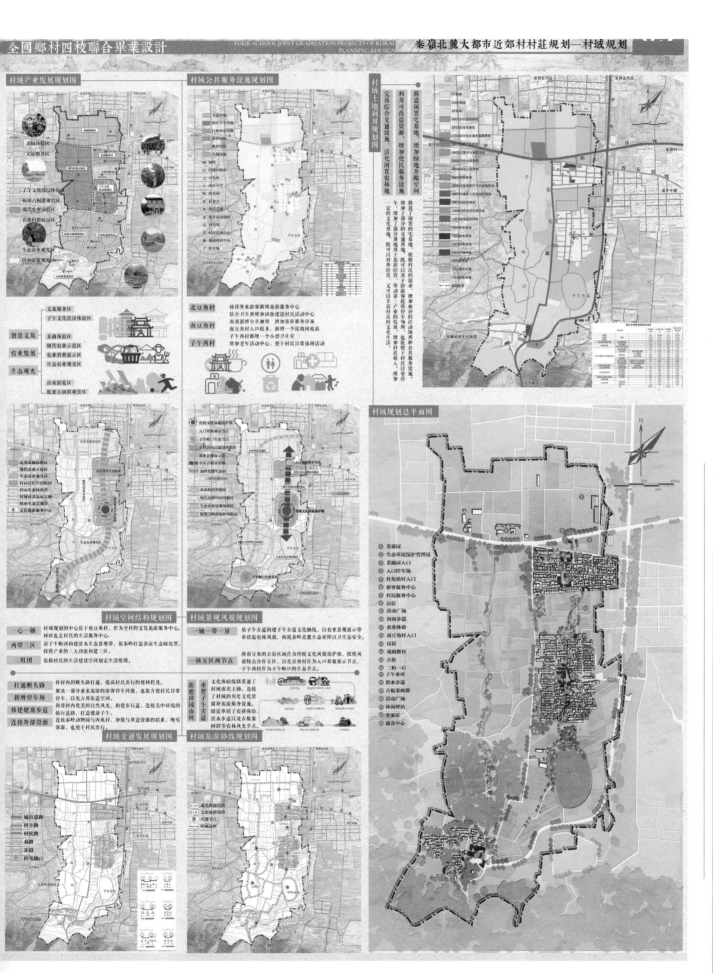

村域產業發展規劃圖

村域公共服務設施規劃圖

村域土地利用規劃圖

完善綜合交通設施，活化閒置農林地

村域規劃總平面圖

村域空間結構規劃圖

村域景觀風貌規劃圖

村域交通發展規劃圖

村域旅遊路線規劃圖

華中科技大學　雲棧采薇·古道祈福

全國鄉村四校聯合畢業設計 FOUR-SCHOOL JOINT GRADUATION PROJECTS OF RURAL PLANNING &DESIGN 秦嶺北麓大都市近郊村村莊規劃—村莊規劃

道路交通规划图

空间结构规划图

景观结构规划图

北豆角村总平面图

① 村庄入口　② 采摘园入口　③ 综合停车场　④ 观光采果园　⑤ 田园小径　⑥ 旅游服务中心　⑦ 曲径通幽园　⑧ 村民服务中心
⑨ 民宿街　⑩ 国槐保护站　⑪ 纪念品商店　⑫ 北豆角村广场　⑬ 子午文创馆　⑭ 产业服务中心　⑮ 文化展馆　⑯ 休闲民宿
⑰ 农家乐　⑱ 休闲小径　⑲ 便利店　⑳ 养老托纳中心　㉑ 按摩馆　㉒ 景观小品　㉓ 田园栈道

道路街巷整治指引

建筑风貌整治指引

建筑组合整治指引

村庄鸟瞰图

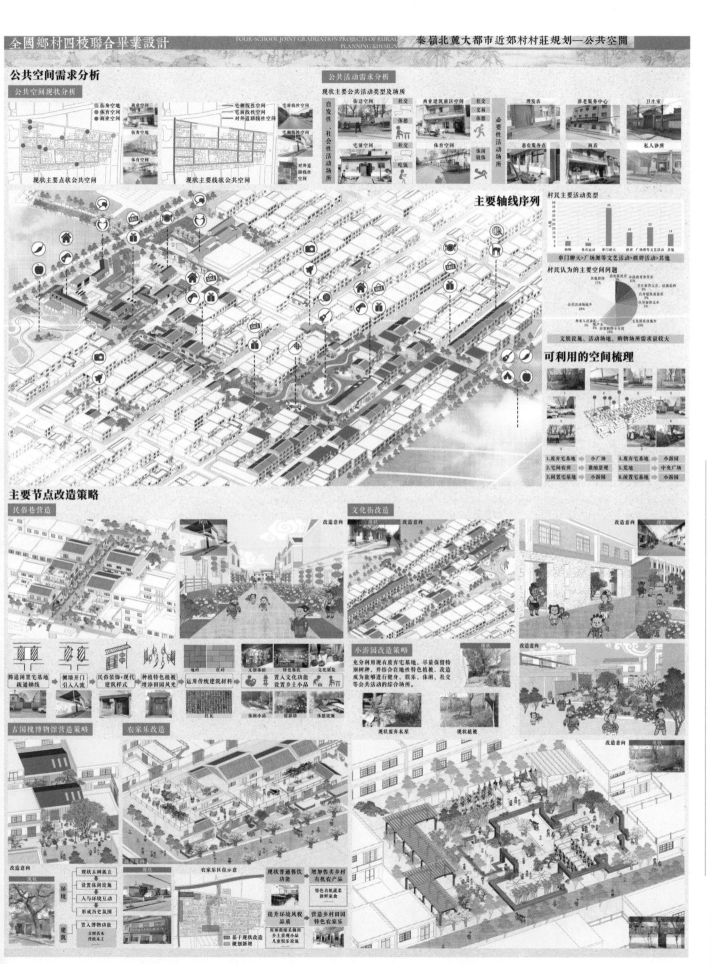

公共空间需求分析

公共空间现状分析

现状主要点状公共空间 / 现状主要线状公共空间

公共活动需求分析

现状主要公共活动类型及场所

街边空间 / 宅前空间 / 商业建筑前区空间 / 体育空间 / 理发店 / 养老服务中心 / 卫生室 / 惠农服务点 / 商店 / 私人诊所

自发性 / 社会性 / 必要性活动场所

主要轴线序列

村民主要活动类型

村民认为的主要空间问题

文娱设施、活动场地、购物场所需求量较大

可利用的空间梳理

1.废弃宅基地→小广场
2.宅间农田→微田园景观
3.闲置宅基地→小游园
4.废弃宅基地→小游园
5.菜地→菜园
6.闲置宅基地→中央广场
7.闲置宅基地→小游园

主要节点改造策略

民俗巷营造

现状 / 改造意向

腾退闲置宅基地 疏通纵轴线 → 侧墙开门 引入人流 → 民俗装饰+现代 建筑样式 → 种植特色植被 增添田园风光 → 运用传统建筑材料 → 置入文化功能 设置乡土小品

地砖 / 红砖 / 文创体验 / 特色植被 / 文化展览 / 红瓦 / 体育小品 / 贸影墙 / 体验设施

文化街改造

现状 / 改造意向

小游园改造策略

充分利用现有及废弃宅基地，尽量保留特别树种，并结合在地性特色植被，改造成为能够邻近进行健身、娱乐、休闲、社交等公共活动的综合场所。

现状废弃本屋 / 现状植被 / 改造意向

古国槐博物馆营造策略

现状 / 改造意向

环境：增置休闲设施 / 人与环境互动 / 形成历史氛围
建筑：置入博物馆功能

古树名木 传统本工

农家乐改造

现状 / 农家乐区位示意

现状普通餐饮功能 → 增加售卖乡村有机产品 → 特色有机蔬菜新鲜家食
提升环境风貌 → 营造乡村田园特色农家乐

基于现状改造 / 规划新增
乡土意想小品 儿童娱乐设施

华中科技大学　云栈采薇·古道祈福

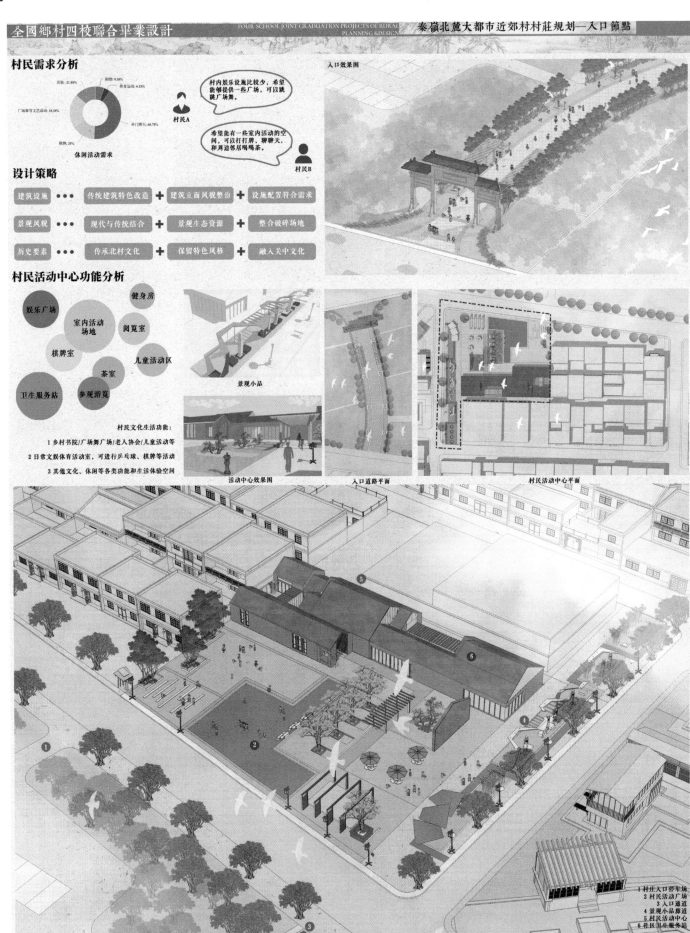

全國鄉村四校聯合畢業設計　FOUR SCHOOL JOINT GRADUATION PROJECTS OF RURAL PLANNING & DESIGN　秦嶺北麓大都市近郊村村莊規劃—入口節點

村民需求分析

其他：21.88%
购物：9.38%
体育运动：6.28%
广场舞等文艺活动：34.38%
串门聊天：68.75%
棋牌：25%

休闲活动需求

村内娱乐设施比较少，希望能够提供一些广场，可以跳跳广场舞。　村民A

希望能有一些室内活动的空间，可以打打牌，聊聊天，和周边邻居喝喝茶。　村民B

入口效果图

设计策略

建筑设施 ··· 传统建筑特色改造 ＋ 建筑立面风貌整治 ＋ 设施配置符合需求

景观风貌 ··· 现代与传统结合 ＋ 景观生态资源 ＋ 整合破碎场地

历史要素 ··· 传承北村文化 ＋ 保留特色风格 ＋ 融入关中文化

村民活动中心功能分析

娱乐广场
健身房
室内活动场地
阅览室
棋牌室
儿童活动区
茶室
卫生服务站
参观游览

村民文化生活功能：

1 乡村书院/广场舞广场/老人协会/儿童活动等
2 日常文娱体育活动室，可进行乒乓球、棋牌等活动
3 其他文化、休闲等各类功能和生活体验空间

景观小品

活动中心效果图

入口道路平面

村民活动中心平面

1 村庄入口停车场
2 村民活动广场
3 入口通道
4 景观小品廊道
5 村民活动中心
6 社区卫生服务站

子午会馆效果图

游客接待中心效果图

古道酒馆效果图

子午书局效果图

轴测效果图

游客中心鸟瞰图

区位图

景观节点图

功能分区图

游客中心总平面

南北立面效果图

活动节点

村民流线

游客流线

对外售卖
手工创作
游客接待
休憩游憩

华中科技大学　云栈采薇·古道祈福

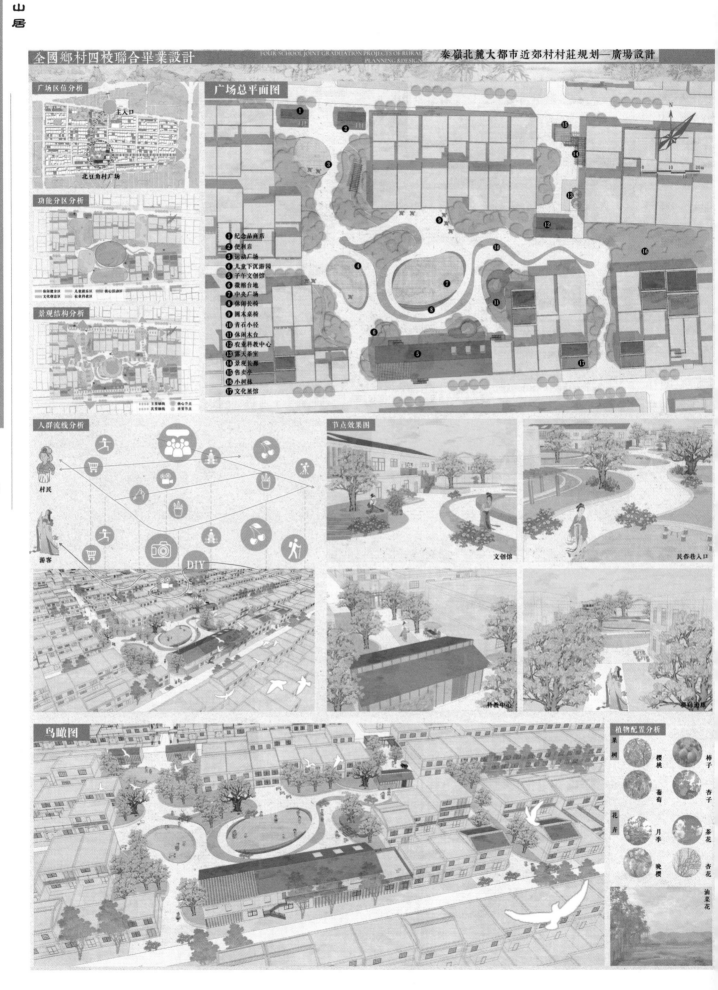

2021 城乡规划、建筑学与风景园林专业
四校乡村联合毕业设计

城乡规划学
王雪妃

农也，民之根本。前朝后世有识之士皆正之。何其有幸，能够结识到这样一个位于西安、书写着中国大半部历史的腹地村庄。这片被秦岭环拥于山脚下的福地沃土，孕育了一个充满乡土情怀的聚落，世代的耕耘与传承，使其虽身处快速发展的现代化洪流中，却依然存留风骨与独特的文脉。

农也，在于躬耕。农之振兴，盖须溯本，心会，身体也。当和谐共处演变为征服与被征服，敬畏便逐渐成为不屑一顾。乡村振兴非一朝一夕，亦非大刀阔斧、豪言壮语。千年时光积淀的岁月，唯有细细琢磨，来日方长，方能悟得其中最原始、纯净、真挚的乡土情、家国怀。

城乡规划学
徐 灿

在这届四校乡村联合设计中感受颇多。第一次参与联合设计接触到不同学校的教学风格、不同的老师和思维各异的同学们，第一次如此深入地了解一个位于西安秦岭脚下的村庄，也是第一次完整深入地完成一次乡村规划设计。在调研研究和设计过程中也遇到了许多的问题和困难，在老师的指导和答辩过程中的建议中逐步地改善方案，也从其他学校同学们的思考中受到了启发。这次联合设计对于我来说，是一次对于大学五年学习生活的小总结，也是一段新的学习过程的开始，很高兴能参与这次联合设计，体会到西安的风土人情，领略秦岭的自然风光，更重要的是为我的本科学习生活画下了圆满的句号。

城乡规划学
陈孔炎

从武汉到西安，再到青岛，很开心有幸能参加四校联合毕业设计，让我认识了很多人，也到达了很多地方。在这次村庄规划过程中，我也不断成长。杜角镇村，是秦岭北麓山脚下一个极其复杂的村庄，既要考虑生态保护、文化传承与乡村现代化发展的协同，又要考虑其作为近郊村与大城市的融合发展。我很感谢我们小组每一位成员，还有我们的导师王智勇老师，因为大家共同的努力我才得以逐渐梳理清楚以上的复杂问题，圆满完成本次联合毕业设计。

回顾这个过程，快乐还是大于艰辛。我并没有把这次设计想象得很辛苦，反而将其作为本科五年学校最后的馈赠。我们小组与老师每一次的讨论交流我都历历在目，每一次我们也都努力做到最好，最后结果也如我所愿，取得了不错的成绩。最后我也感谢各校同学间的相互帮助，感谢各校的热情款待。联合毕业设计这个活动真的非常有意义，感谢它为我本科生涯画下完美的句点。

城乡规划学
罗凯中

感谢一同陪我进行毕业设计的小组成员们，正是由于她们对我无私的帮助，在讨论方案和制定行动计划时给予我的建议，使我能尽快找到研究的方向并顺利完成答辩任务。回首间，我已经在美丽的华中科技大学度过了五个年头。五年，这是我人生中十分重要的五年，我有幸能够接触到这些不仅仅传授我知识、学问，而且从更高层次指导我的人生与价值追求的良师。他们使我坚定了人生的方向，获得了追求的动力，留下了大学生活的完美回忆。在此，我真诚地向我尊敬的老师们和母校表达我深深的谢意！

子午驿站，瞭峪花乡

昆明理工大学　Kunming University of Science and Technology

参与学生：和桃娟　董育爱　官梓茗　周光玉　邓开航　寸寿虎　胡映斌

指导教师：赵　蕾　杨　毅　李昱午

教师释题：

　　北豆角村作为本次设计地块中与城市主干道衔接最为密切的场地，是串联南豆角村、子午西村和子午峪与城市的节点，需要紧扣住城市界面——将道路两侧的农田和三角地作为接口，通过大地景观与商业设施将整个杜角镇村与关中环线进行功能交织；通过农旅、餐饮、文创、民宿等业态将更多的人群引入村庄；为子午峪口的居民带来更多的发展机会，为游客提供具有本村特色的产品和多样的活动体验。

　　本方案的另一重点则是利用北豆角村内现状已有的场地，进行改造更新，为村内进行微型的绿地系统规划，同时对可利用的建筑进行改造提升——完善村内公共服务设施，提供村民交流活动的场地，以点带面活化村落空间；通过基础设施的现代化和绿色化确保村民的安居，同时为游客的驻留提供具有北豆角村性格的视觉记忆点。

　　通过以上两个层次的规划设计，并对其内涵进行挖掘延展，使北豆角村成为子午峪与西安市衔接的真正驿站。

历史文化

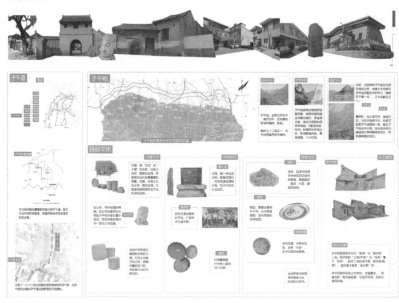

公共空间

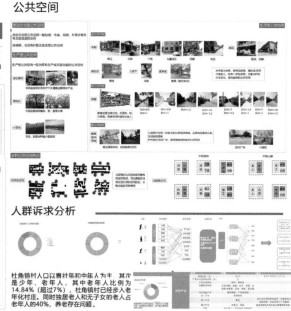

政府类公共空间内容研一般有祠堂、传祠、村委、村委办事等较有发展配套需配置类。

生产类公共空间是一指为村用生产经营活动的公共空间。

生活型公共空间

人群诉求分析

杜角镇村人口以青壮年和中年人为主，其次是少年、老年人，其中老年人比例为14.84%（超过7%），杜角镇村已经步入老年化村庄。同时独居老人和无子女的老人占老年人的40%，养老存在问题。

政策背景

生态+文化+旅游

技术路线

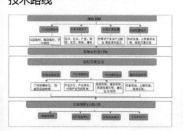

景观现状

问题总结

1 以发展为第一要义——从"输血"模式走向"造血"模式

（1）"城乡统筹发展"新内涵，应从挖掘乡村内生发展动力入手。

（2）"加快发展现代农业，壮大集体经济实力，培育新兴经营主体，发展多种形式规模经营，集约化、企业化、组织化、社会化相结合的新型农业经营体系"是十八大报告对乡村发展提出的新要求。

2 可持续发展——寻找乡村发展的动力之源

新型城镇化的涵义是明确城乡差异，使"城市更像城市，乡村更像乡村"。重新认识乡村地区的"核心价值"，才能找到乡村发展动力之源。

十八大报告提出"全面推进经济建设、政治建设、文化建设、社会建设、生态文明建设，实现以人为本、全面协调可持续的科学发展"，这三大主题恰恰是乡村规划长期拥有的却未被重视的"无价之宝"。

3 深化改革——社会赋权、公民参与从乡村基层社区开始

在城乡社区治理、基层公共事务和公益事业中实行群众自我管理、自我服务、自我教育、自我监督，是人民依法直接行使民主权利的重要方式。探索乡村基层民主，扩大有参与将成为国家深化制度改革、建设公民社会的开端，具有更深刻的社会意义。

土地利用现状

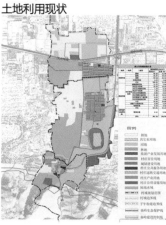

道路现状

主路
村庄主路行车道宽度约8m，人行道两侧各2m，再往外是建筑或是田地

次路
村庄次路总宽约6-7m，人车不分流

宅间路
宅间路宽4-5m，较为狭窄，多有停车或是晾衣架，建筑废料等阻碍通行

自然基地

公共服务设施现状

规划范围

昆明理工大学　子午驿站，瞭峪花乡

周边资源分析

村庄	特色	产业	标签
子午镇村	餐饮、优质水果	商贸服务	服务
张村	木雕加工	二产加工制造	生产
东台新村	苗圃园、蝴蝶兰	农家乐、民宿	乡村旅游
抱龙村	古园、板栗盘	古园、小杂果、民宿	乡村旅游
百塔寺村	佛教	民宿、粮食种植	服务
东三村	水围城、李家、杜大	农家乐、餐饮、蔬菜种植	餐饮服务、蔬菜种植
曹村	鹰嘴桃	葛苕	农业
逯午村	葡萄	葡萄	农业

子午镇内的村庄皆已逐步建成花园乡村 村庄大多数依靠资源发展乡村旅游、农业、服务等产业

产业发展困境

生态保护VS村庄发展：由于秦岭生态保护行动，除完善基础设施外，村庄发展也受到限制。

产业发展策划

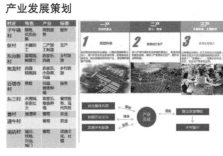

产业策划

大城市近郊农村经济发展之路

原农村的内核

观光·生态农业

村落更新　新"农庄"建设　特色种植农场发展

三产治合——五种发展模式

一产	二产	三产
1 高效种养	**2** 智慧加工生产	**3** 休闲农业注入

建筑策划

传统技艺研究

民居结构

本土材料

具体措施

节水集水	新型净水水窖，鉴于关中缺水的现实条件，恢复水窖功能，收纳蓄积雨水提供洗浴、冲厕所和灌溉之用，以屋顶雨水收集为主，提高水质
太阳能利用	采用被动式太阳房冬季采暖、太阳能热水器
防水防潮	采用传统提包金/夹心墙的砌筑方式，挂瓦、苫背、穿靴戴帽等处理方式
生物质能利用	沼气池利用：沼气池既能旧利用，又美思廉价、生态环保，还能通过沼气池提供炊事能源

门窗处理	采取适当的窗墙比，采用双层玻璃，在保证基本采光通风的同时对增强门窗的保温性能，对改造建筑有门窗进行双层窗设置，用传统窗框对其外包，改善其立面风貌
材料处理	加牌石膏、粉煤灰和石灰、减水剂等，掺入碎石、秸梗、植物纤维或工业纤维等，提高墙体的整体性能，有效避免墙体的中规与微观裂缝
结构形式	生土墙承重房屋一般是硬山搁檩型，全部墙体用土坯或夯土建成，直接将梁搁在墙上，节省木材
施工工艺	采用现代机械工艺加工传统夯土墙，既是对传统夯土工艺的发展，也提高了工作效率

历史人文体现及传承策略

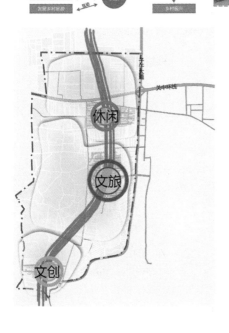

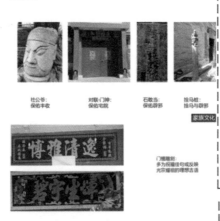

杜公祠：保佑丰收　对联门楼：保佑宅院　石敢当：保佑群邪　拴马桩：拴马与辟邪

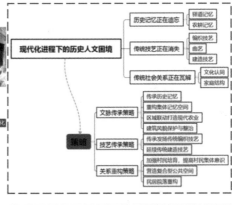

现代化进程下的历史人文困境

历史记忆正在遗忘／传统技艺正在消失／传统社会关系正在瓦解

策略：文脉传承策略／技艺传承策略／关系重构策略

杜角镇村风貌体现其特有的历史人文，然而在现代化与城镇化的进程中正遭遇着历史文化传承的挑战，需要从文脉传承、技艺传承、社会关系重构等方面进行有效策划以迎接挑战

村域总平面图

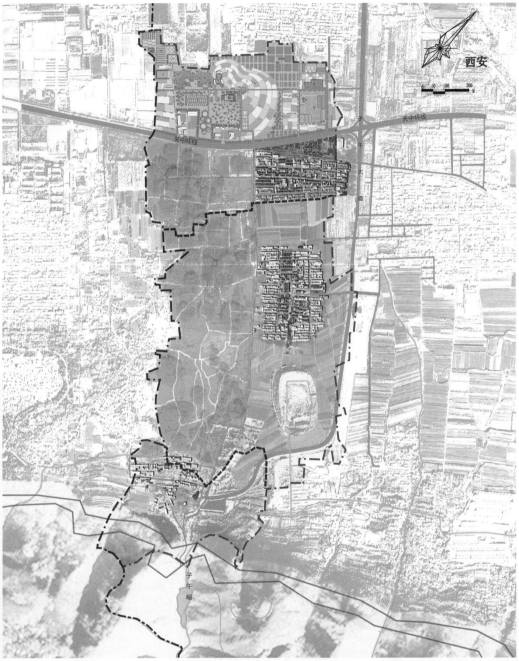

图例

1 生态停车场
2 帐篷露营地
3 入口广场
4 游客服务中心
5 麦田大地景观
6 瞭望台
7 田园艺术节工作室
8 垂钓区
9 花田
10 房车服务中心
11 房车露营地
12 亲子活动中心
13 活动大鹏
14 休憩庭园
15 高新科技大棚
16 专配中心
17 植物科普馆
18 研学基地
19 果酒工坊
20 采摘果园
21 厕所
22 游客服务中心
23 村民活动中心
24 养老中心
25 老槐树民宿
26 北豆角中心绿地
27 正街广场
28 正街书吧
29 幼儿园
30 村民培育中心
31 村史馆
32 双柏亭
33 子午峪保护站

┅┅┅ 村庄边界线

━┅━┅ 村域规划范围

━━━ 子午街道边界线

━━━ 秦岭生态保护线

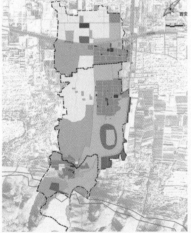

昆明理工大学　子午驿站·瞭峪花乡

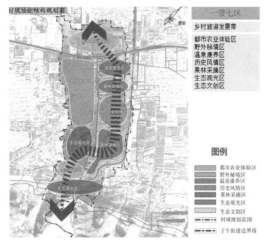

一带七区

乡村旅游发展带

都市农业体验区
野外秘境养区
温泉康养区
历史风情区
果林采摘区
生态观光区
生态文创区

图例

都市农业体验区
野外秘境区
温泉康养区
历史风情区
果林采摘区
生态观光区
生态文创区
村域规划范围
子午街道边界线

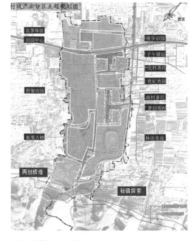

主题多元化

农业+主题	旅游+主题	旅游+主题
农事体验	田园中心	北村著民
漫步田园	子午驿站	南村著民
野餐田园	梦回明时	再创辉煌
板栗古树		
贵妃杏园		
林田美池		
秘境探索		

图例

农业+主题
居住+主题
旅游+主题
村域规划范围
子午街道边界线

村域道路交通规划

图例

城市道路
村庄主路
村庄次路
村庄支路
村庄步道
村庄边界线
村域规划范围
子午街道边界线

村域公共服务设施规划

图例

公共绿带
公共停车场
村民委员会
垃圾收集点
村域边界
村域规划范围
子午街道边界线

村域景观结构规划

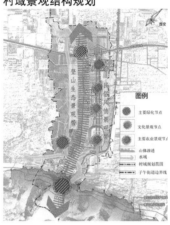

登山生态景观带

图例

主要综合化节点
文化景观节点
主要农业景观节点
山体游道
水域
村域规划范围
子午街道边界线

村域旅游规划

图例

人文旅游资源
商业旅游服务
自然景观观光
人行健康步道
车行流线
村域规划范围
子午街道边界线

北豆角村总平面图

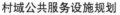

经济技术指标

规划面积：101.77hm²
人口：1285 人
建设用地面积：17.94hm²
建筑面积：11.5hm²

西安

1. 田园综合体服务中心
2. 帐篷露营地
3. 研学基地
4. 采摘公园
5. 麦田景观
6. 游客服务中心
7. 村民活动中心
8. 养老中心
9. 老槐树民宿
10. 北豆角中心游园
11. 正街广场
12. 特色书吧
13. 街角广场
14. 民俗广场

图例

村庄规划范围

村域范围

子午街道边界线

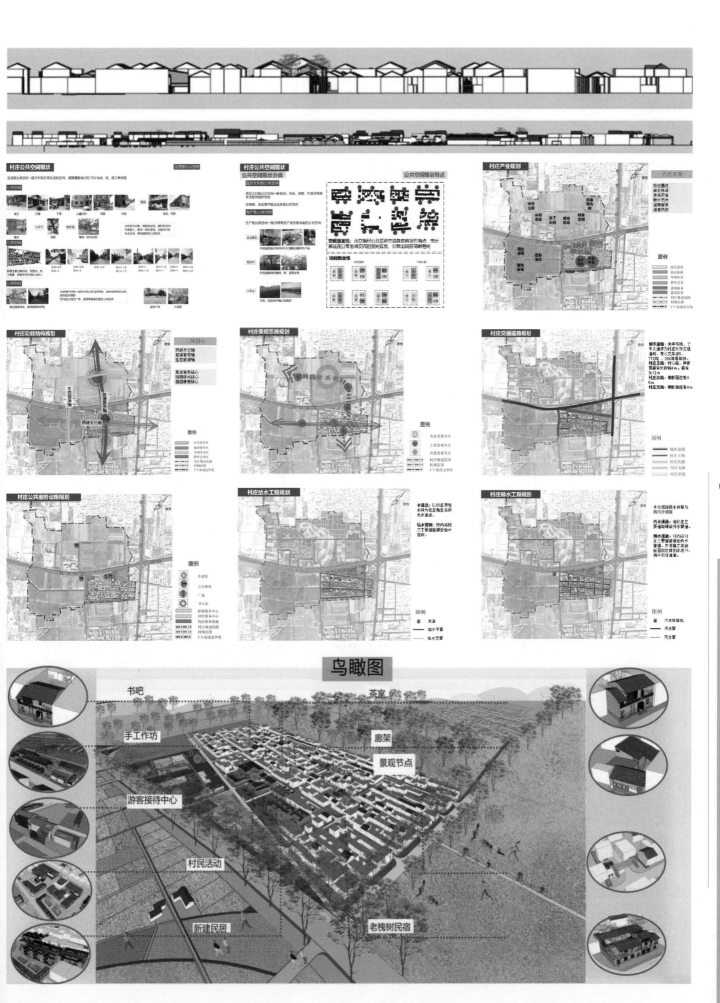

老槐树民宿

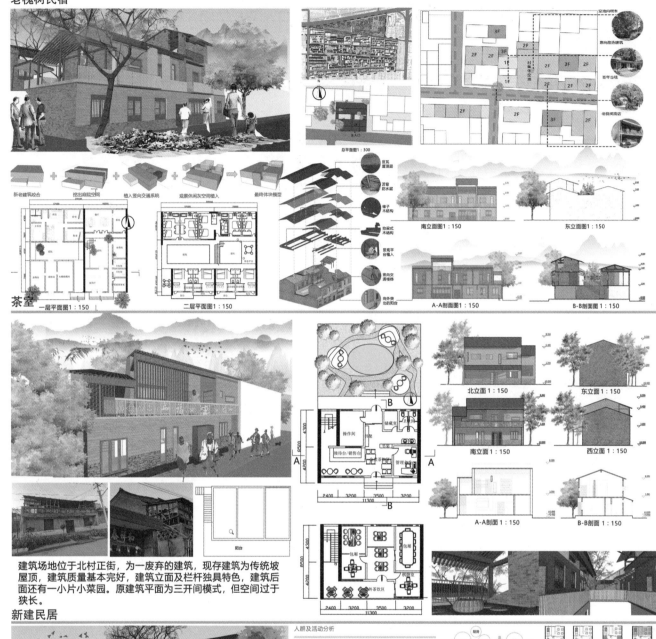

新老建筑咬合　挖出庭院空间　植入竖向交通系统　观景休闲灰空间植入　最终体块模型

一层平面图1：150　　二层平面图1：150

总平面图1：300

南立面图1：150　　东立面图1：150

A-A剖面图1：150　　B-B剖面图1：150

反瓦屋面做法
苫背防水层
椽子木结构
抬梁式木结构
景观平台植入
竖向交通楼梯
向外突出的阳台

茶室

北立面1：150　　东立面1：150

南立面1：150　　西立面1：150

A-A剖面1：150　　B-B剖面1：150

建筑场地位于北村正街，为一废弃的建筑，现存建筑为传统坡屋顶，建筑质量基本完好，建筑立面及栏杆独具特色，建筑后面还有一小片小菜园。原建筑平面为三开间模式，但空间过于狭长。

新建民居

人群及活动分析

目前北村的家庭结构主要是三代同堂，人口平均在5-6人，儿女大多外出就业、上学，平日留在家里的主要为老人夫妇及小孩。

村民在家的主要活动为：干农活、打理果园、闲时与朋友聚集打打牌。

日常起居的卧室、客厅等居住空间重视生活便利性，添加厨房、卫生间、储藏等功能空间，通过现代设施的使用改善居住环境，考虑现代农业：增加仓储、加工等农业劳动用房，与居住适当分离，成为居住的辅助与补充。

平面生成遵循四保留一植入模式，尊重传统民居平面布局方式保留正房三间的模式、保留厢房辅助空间，遵循传统民居庭院调节室内小环境——保留院落围合的建筑格局，体现亲近自然的特色、保留传统横梯阳空间聚集场所——保留院前槐园空间，考虑现代居民对于农作物的售卖需求，植入前店后住模式。延用狭长的建筑体形和较小的体形系数，减小建筑物在维护结构的传热耗热量。

北立面图1：150　　南立面图1：150　　A-A剖面图1：150

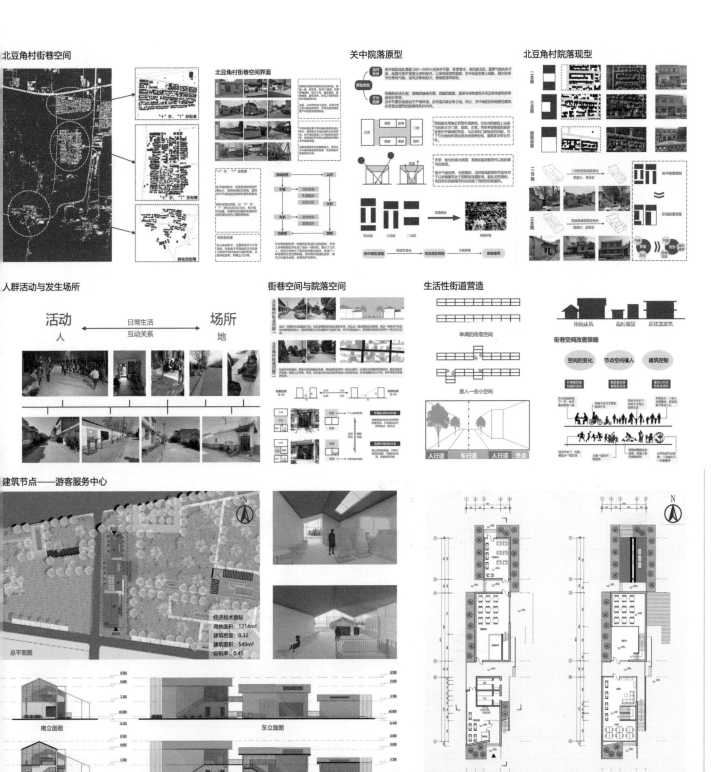

北豆角村街巷空间

北豆角村街巷空间界面

关中院落原型

北豆角村院落现型

人群活动与发生场所

活动 ← 日常生活 互动关系 → 场所

人 地

街巷空间与院落空间

生活性街道营造

单调的街巷空间

置入一些小空间

人行道 车行道 人行道 节点

传统建筑 临时搭建 新旧混合建筑

街巷空间改善策略

空间的变化 节点空间植入 建筑控制

建筑节点——游客服务中心

总平面图

经济技术指标
用地面积: 1214m²
建筑密度: 0.32
建筑面积: 549m²
容积率: 0.45

南立面图

东立面图

B-B剖面图

A-A剖面图

一层平面图

二层平面图

昆明理工大学 子午驿站·瞭峪花乡

建筑节点设计——田园接待中心

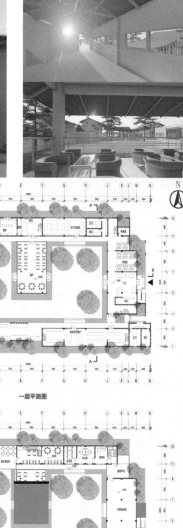

总平面图

经济技术指标
用地面积：4156m²
建筑密度：0.45
建筑面积：4614m²
容积率：1.1

设计说明

传统院落平面原型
内院狭长，不适合公共建筑

调整平面比例
满足公共建筑需求

基本院落叠加
营造传统两进进院韵味

加强内院之间、建筑与外界联系

传统的庭院过于内向
建筑与外界有界隔感

尽可能保留墙原形制
让建筑更具开放性

确定建筑流线关系

建筑层数控制
获得露天平台

一层平面图

二层平面图

东立面图

南立面图

A-A剖面图

B-B剖面图

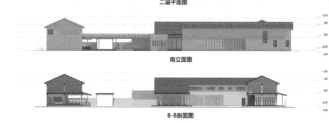

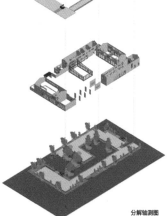

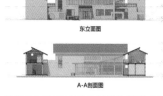

分解轴测图

元素提取

建筑肌理提取　　　院墙元素提取

建筑元素提取：圆子房、砖墙、黄土

场地现状:新规划的村民活动中心与养老院场地位于北豆角村北侧,紧邻过村道路与关中环栈。东侧院落现为沙厂,对环境有一定的污染。西侧院落现为豆芽厂,原为北豆角村卫生室,现已停用。两处院落建筑稀少,院中较为空旷,与村中建筑肌理有较大的不同。

体块生成

院落生成

植入交通体

形成坡屋顶

修整院墙

村民活动中心轴测图

屋顶
二层
钢柱网
一层

主入口
诊所入口
主入口
村民活动中心
养老院
次入口
次入口

村民活动中心及养老院总平面图

村民活动中心效果图

养老院轴测图

屋顶
二层
混凝土柱网
一层

村民活动中心一层平面图 1:400

村民活动中心二层平面图 1:400

村民活动中心北立面图 1:200

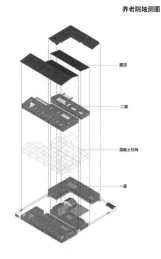

061

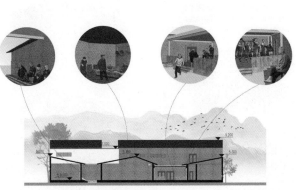

村民活动中心1-1剖面图 1:200

村民活动中心2-2剖面图 1:200

村民活动中心东立面图 1:200

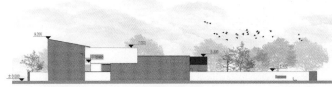

昆明理工大学　子午驿站·瞭峪花乡

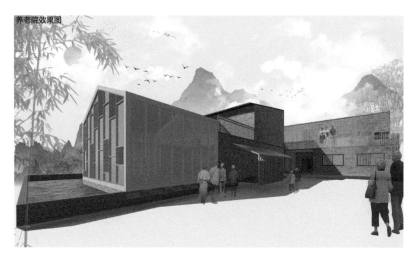
养老院效果图

养老院一层平面图 1：400

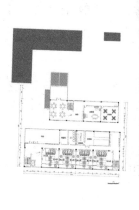
养老院二层平面图 1：400

养老院1-1剖面图 1：200

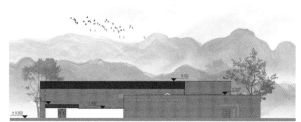
养老院北立面图 1：200

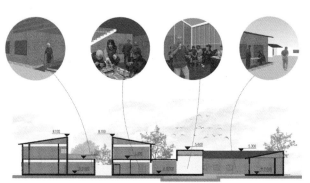
养老院2-2剖面图 1：200

养老院东立面图 1：200

养老院老人房分析

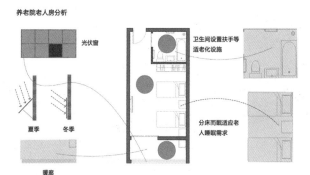

光伏窗

夏季　冬季

暖廊

卫生间设置扶手等
适老化设施

分床而眠适应老
人睡眠需求

正街书吧区位

书吧位于北豆角村正街，原有建筑及其院落闲
置，但其建筑风貌良好，院落有一定使用价值

总平面图 1：100　　一层平面图 1：100

设计要点

保持原有建筑风貌的同时进行建筑立面的改造，将原
有窗设计为与书架相结合的条形窗，增强室内与街巷
空间的互动性。在原有院落空间的基础上增建阅览亭，
营造不同的阅览氛围，增强阅览的感受。

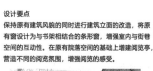

南立面图 1：50

正街书吧场景图

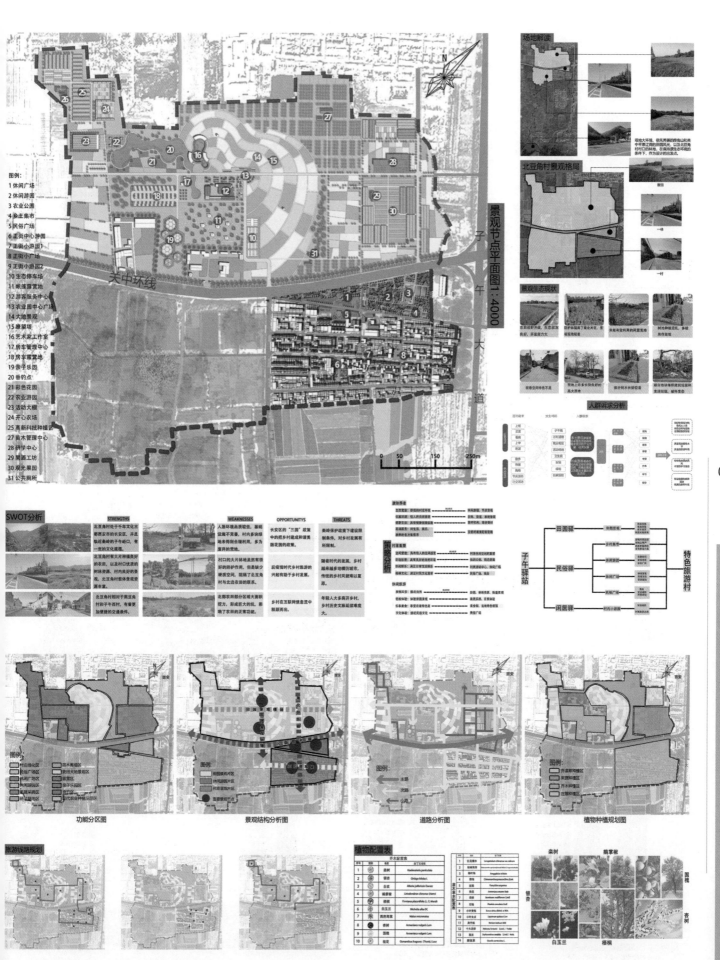

昆明理工大学　子午驿站・瞭峪花乡

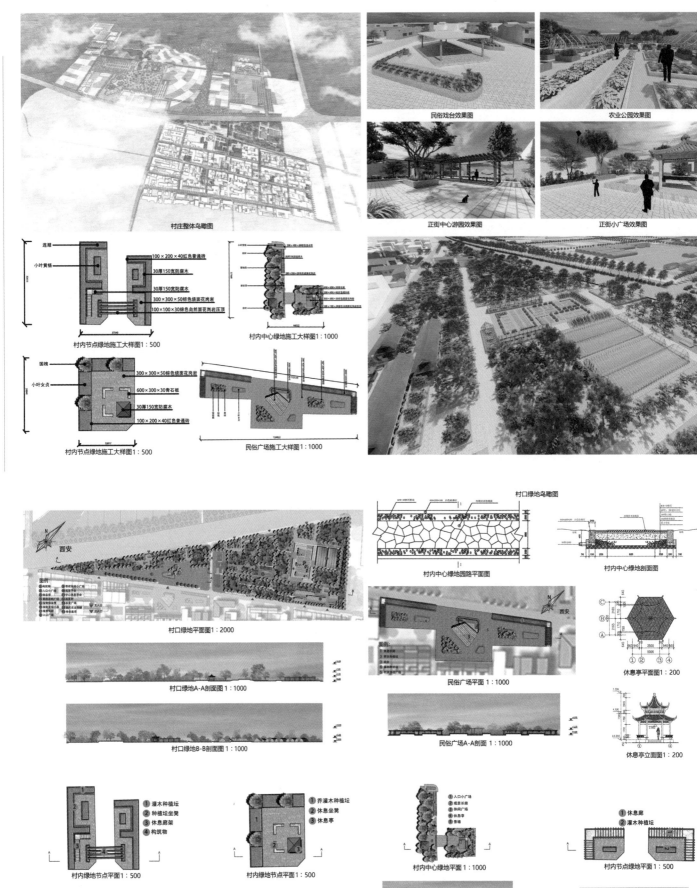

村庄整体鸟瞰图

民俗戏台效果图

农业公园效果图

正街中心游园效果图

正街小广场效果图

村内节点绿地施工大样图1：500

村内中心绿地施工大样图1：1000

村内节点绿地施工大样图1：500

民俗广场施工大样图1：1000

村口绿地平面图1：2000

村口绿地A-A剖面图1：1000

村口绿地B-B剖面图1：1000

村内绿地节点平面1：500

村内绿地节点平面1：500

村内绿地节点A-A剖面1：500

村内绿地节点A-A剖面1：500

村口绿地鸟瞰图

村内中心绿地园路平面图

村内中心绿地剖面图

民俗广场平面1：1000

民俗广场A-A剖面 1：1000

休息亭平面图1：200

休息亭立面图1：200

村内中心绿地平面1：1000

村内节点绿地平面1：500

村内中心绿地A-A剖面1：500

村内节点绿地剖面1：500

**城乡规划学
董育爱**

　　五年来参与的课程设计很多，毕业设计无疑是最令人印象深刻的一个设计，这对我们来说不仅是专业知识的检验，也是我们人生的一个重要阶段。这次选择了四校联合设计进行乡村规划，基地是位于秦岭北麓这样一个具有重要地理位置的村庄，我们三个专业协作发现了各专业不同的侧重点，也更加深刻地领悟到了团队的重要性。另外，我也认识到乡村规划常常与乡村振兴挂钩，我们在进行乡村规划的同时要考虑到产业振兴，也要考虑人居环境的改善，二者密切相连。在本次设计过程中，我们从昆明到西安再到青岛，对我们的人生来说也是一次旅程。经过这次的乡村规划设计课程，我以后将会从更多方面去看待乡村。感谢五年来老师和同学们的帮助，此时不负韶华，望回首亦不忘初心。

**城乡规划学
和桃娟**

　　毕业设计是我们作为学生在本科的最后一个重要环节，是对所学知识的一种综合运用。我很幸运能参加此次的四校联合毕业设计，设计项目在西安市长安区子午峪峪口的一个村庄，在调研过程中让我对关中地区的乡村有了更深入的了解，也对通过乡村规划实现乡村振兴这个问题有了更多思考。在此次设计中，和其他两个专业的同学分工合作，不断磨合，让我深刻意识到沟通的重要性，同时与不同学校的同学交流让我学到了不同的思考和工作的方式，也发现自己还存在许多不足，需要不断完善。最后感谢三位老师对我们的耐心指导和鼓励。

**建筑学
邓开航**

　　通过本次设计，我学到了很多东西，和同学们一起画图，一起讨论，真正地体会了团结合作，互相帮助，共同进取，为以后的工作奠定了基础，我不仅收获了知识而且锻炼了品质。通过这次认真而又细致的毕业设计，我对待事情的态度更加严谨，更加有耐心，并且我更希望把所做的事情做好、做完美，我想这将是一笔很重要的财富。
　　本次毕业设计是在杨毅、赵蕾、李昱午三位不同专业的老师带领下完成的，在这段时间，无论是确定设计方案，收集资料，还是绘制图纸，都得到了老师们的耐心指导，在此，向三位老师表示崇高的敬意和由衷的感谢。

**建筑学
官梓茗**

　　本次联合毕业设计始于西安，终于青岛，历时三月，曾瞭望过巍峨秦岭，也曾眺望过北国碧海，更是领略过豆角村的春夏，收获良多，记忆弥新。在本次四校乡村联合毕业设计中，我深刻体验到深入调研以及团队合作的重要性，同时我也学习到了不同学校同学的不同学习方式和设计方法。在此感谢杨毅老师、赵蕾老师以及李昱午老师对我的悉心指导以及小组队员们的互帮互助。

**建筑学
周光玉**

　　首先，谢谢老师们给了我们这样一个平台，让我们建筑学专业能在在校期间有机会和规划专业进行联合设计，让我们为接下来的工作生涯打下基础，让我们在规划的指引下，严格遵循规划的指导，真真实实地进行了一次三专业的磨合设计。这次经历将会是我工作生涯的良好开端。其次，在这次设计课程中，建筑学专业的我们也学到很多规划的相关知识以及规划的基本设计流程，这也是这次课程中最大的收获。乡村有它的个性，我们在做设计时要尊重它的个性，同时挖掘它的潜在价值，真正做到乡村振兴。

**风景园林学
寸寿虎**

　　回顾这几个月，几乎都是"痛并快乐着"，虽有波澜但仍感恩，感谢毕业设计教给我们合作，感谢毕业设计教给我们包容，感谢毕业设计让我们明白真正的乡村规划不是天马行空而是"柴米油盐酱醋茶"式的务实与"接地气"，也许我们暂时无法到达，但在路途中间明白对的方向对我而言是件无比幸运的事儿。为此付出的心血和代价都一并涌上心头，严谨的治学态度、敏捷的思维让我觉得这是一个规划师必不可少的。毕业设计过程中，老师给我们提了很多建设性意见，教我们如何思考，指导老师的耐心辅导让我感动。

**风景园林学
胡映斌**

　　毕业设计作为我们大学五年学习成果的检验和总结，意义非凡。由于出身农村，对村庄的发展怀有天然的情结，我选择了乡村景观规划设计作为毕业设计的课题。第一次面对村庄规划设计，期间有过疑惑、有过迷茫，幸得老师们一直以来的悉心指导，各专业组员的通力协作，最终取得了不错的成果，我深刻地认识到乡村的景观设计不能浮于表面，必须注重景观美学与规划设计在地性的结合。四校联合毕业设计为我们提供了一个互学互助的交流平台，让我看到了不同的设计工作方法，也意识到了自身的不足和差距，从而激励我继续努力，以更大的热情投入到今后的学习和工作中去。

成

果

展

示

Achievement
Exhibition

壹 北豆角村

贰 南豆角村

叁 子午西村

南豆角村属于杜角镇村下三个自然村之一，位于子午街道驻地西侧，东邻子午大道，西邻子午西街，南邻子午西村，北邻北豆角村。村落形态为缓坡集中型形态。2021 年，南豆角村人口 563 户，1754 人。居民姓氏以李、肖、董为主。

南豆角村历史人文资源丰富，千年子午古道便途径此处，村内至今仍保留着古老的南北城门楼，村南的千年柏树和社公爷石头证明了这里古老悠久的历史。南豆角村经济原以传统农业为主，三产为辅，耕地以种植小麦、玉米为主，林地以种植樱桃、杏为主。

nán dòu jiǎo
南豆角

文化大秦岭，乐闲子午道

西安建筑科技大学　Xi'an University of Architecture and Technology

参与学生： 崔琳琳　樊希玮　王雪怡　王雅丽　杨晨露　李博宇

指导教师： 段德罡　蔡忠原　谢留莎　陈　炼

教师释题：

从古至今，安居乐业作为一种生活目标和治理目标而被广泛关注。从"各安其居而乐其业"，到"安居乐业，长养子孙"，到"耕者有其田"，再到关于"让农村成为安居乐业的美丽家园"的重要论述，无不体现着安居关系人民幸福、乐业就是民生根本的思想。然而，随着我国现代化事业的深入，乡村劳动力大量流失，呈现出不断衰退的趋势，落后、衰退的乡村正在成为制约我国实现现代化强国目标的关键短板，也成为我国许多社会经济问题甚至政治问题产生的根源。

秦岭浅山区云雾缭绕之处——终南山，孕育了中国传统人居环境的沃土，在这里生存着千千万万的原住村民，他们既见证了秦岭的世代更迭，也依靠秦岭的自然山水环境生存发展，在严格的生态保护背景下，如何引导村民合理利用村庄资源，地处西安大都市圈的长安区乡村如何融入都市圈、支撑国际化大都市的发展战略，实现城乡基础设施互联互通、公共服务共建共享、城乡产业多元融合的目标，提升村民市民化能力，乡村振兴战略目标下乡村现代化发展与传统文化传承如何协调，如何破解当前乡村衰退、落后的困境，让村民真正实现"以农为业，以村为家"，是我们不得不面对的课题。

在严格的秦岭保护条例下，依靠秦岭自然山水环境赖以生存的村民，他们未来的出路在何方？作为乡村规划师、设计师的我们应将设计带入乡村，为乡村的发展提供观念、技术支持。本次规划设计的重点是围绕长安区子午街办乡村面临的生态保护与乡村发展、乡村如何融入都市圈，支撑国际化大都市的发展战略、乡村现代化与传统文化传承的三大挑战，立足于扎实的田野调查与现状分析，明晰长安区子午街办乡村发展面临的现实困境，提出针对性的策略、方法，做可落地的村庄规划设计。

研究框架 Research framework

村域研究框架

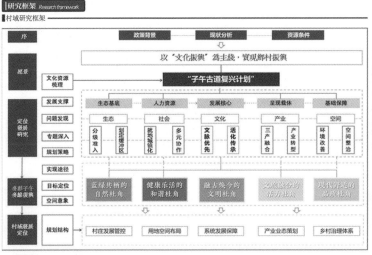

以"文化振興"爲主線·實現鄉村振興

"子午古道復興計劃"

区位分析 Locational Analysis

地理区位

"村庄北临两处环线 南靠秦岭山脉"

社会经济发展

人口情况

经济情况

政策解读 Policy Interpretation

历史文化相关

历史文化是乡村振兴的重要元素

国家层面：立足乡风文明，挖掘地域特色，重塑乡村传统文化
城市层面：发挥村落价值，活化历史资源，培育多\n产业，推进农旅融合激活乡村经济
片区层面：利用本土人才，培育传统工艺产品，戏曲建艺，建立秦岭文化山水区

生态相关

生态保护是乡村振兴的重要支撑

杜角镇位于生态保护区、适度开发区、生态协调区
扮演着生态屏障区、水源涵养地、地下水补给区等重要生态服务角色
应以节约优先、保护优先、自然恢复为方针，综合治理、科学利用，保证秦岭生态功能不降低

乡村现代化发展相关

乡村现代化发展是乡村振兴的重要支撑

农业现代化：农业转型升级绿色发展
农村现代化：公园人居环境整治改善
农民现代化：农民素质精神治理升级

现状分析 Situation Analysis

人群画像

村民活动

一天的活动

一年的活动

自然生态基础

社会经济发展

村域自然生态格局

坡度分析

坡向分析

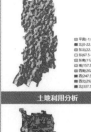

高程分析

土地利用分析

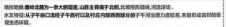

地形地貌：秦岭北麓为一条大断层崖，山脉主脊偏于北侧，北坡短而陡峻，河流深切。
水文特征：子午口河流经子午西村以及村庄西南侧的子午河治理力度较弱，未能形成良好的景观生态环境。
自然格局：村庄地处秦岭北麓环山带区域范围内，形成了河谷-蓝地-塬-田-塬的自然山水格局。

社会经济发展

经济情况

产业结构	具体类型
第一产业	杂果—杏、桃子、柿子、樱桃、板栗；蔬菜—花椰菜、玉米、草莓、西洋菜；作物—小麦、玉米（逐年降低）
第二产业	模具厂、沙厂
第三产业	农家乐、民宿

村庄	耕地面积（亩）	严重沙化的耕地面积（亩）	林地种植面积（亩）
杜角镇村	866	0	820

杜角镇村主要以传统农业为主，三产为辅，现有人均耕地约1亩；
村民多外出务工，人均收入水平较低。

村庄土地利用

村域土地利用现状

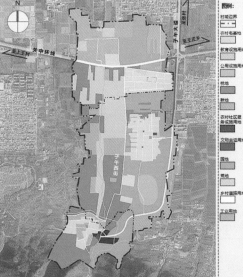

杜角镇村土地面积285.64hm²，其中林地70.12hm²，占24.5%；园地73.44hm²，占25.7%；耕地44.12hm²，占15.4%；村庄建设用地37.85hm²，占13.3%。

村庄内村庄居民点以外，主要为耕地和林地，农田以种植桃、杏为主，西北侧有大片板栗古树保护群。

用地分类		用地面积（hm²）	用地比例
林地		70.32	24.44%
园地		73.84	25.66%
耕地		44.32	15.40%
荒地		32.81	11.40%
水域		0.58	0.20%
村庄建设用地	农村宅基地	38.42	13.35%
	农村社区服务设施用地	0.43	0.15%
	教育用地	0.13	
	乡村道路用地	11.67	4.06%
	工业用地	5.77	2.01%
其他建设用地	公用设施用地	9.60	3.34%
国土总面积		287.74	100.00%

现状杜角镇村土地利用不集约；
公共服务用地与产业设施用地占比较少

现状分析总结

SWOT分析

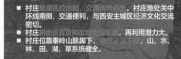

- 村庄地理区位优越，交通便捷，村庄地处关中环线南侧，交通便利，与西安主城区经济文化交流密切。
- 村庄耕地资源及闲置地较多，再利用潜力大。
- 村庄位靠秦岭山脉脚下，山、水、林、田、湖、草系统健全。

S **O**

- 乡村振兴大背景下，有利于村庄发展。
- 国土空间规划中，村庄发展。
- 乡村一二三产业融合结合，提出种植农业与旅游休闲业相结合，一二三产业联动的发展策略。
- 互联网发展促使旅游模式出现。

W **T**

- 村庄现以传统农业为主，三产为辅，现有人均耕地不足1亩；村民多外出务工，人均收入水平较低。
- 村庄林业利用效率不高，农业生产配套设施相对不完善。
- 村庄由于村庄发展缺乏管控，超占宅基地、一户多宅、弃旧宅建新宅现象普遍。
- 村庄建设良莠不齐，建筑建造因人而异，难以体现村庄特色，部分建筑质量较差，建筑已不适宜居住，存在安全隐患。

- 村庄子午文化底蕴，但当前并未得到有效的传承与发展，如何有效保护利用？
- 在生态文明建设理念下，如何平衡生态保护与村庄发展？
- 西安国际化大都市的发展战略下，乡村如何？
- 村庄可利用土地资源丰富，但目前缺少有效的闲散地再利用策略？
- 村庄空间缺乏活力，以改善村民的生活条件，凸显村庄地域特色？

生态现状研究

● 生态敏感性分析

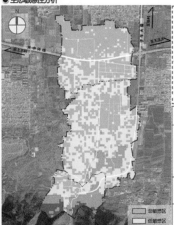

杜角镇村大部分位于生态低敏感区。

杜角镇村内的生态中敏感区主要位于水库周边、子午西村北侧以及秦岭山脚部分地段。

杜角镇村内的生态高敏感区位于秦岭山脚线以南。

	非敏感区	低敏感区	中敏感区	高敏感区
分布区域	环山路北侧大部分建设用地 少部分非建设用地	小部分建设用地 大部分非建设用地	水库周边区域 子午西村北侧 子午村北侧	秦岭25°坡线以北
面积(hm²)	224.46	148.31	47.38	10.12
占村域面积比例(%)	52.4	34.6	11.3	1.7

● 斑块、廊道、基质现状分析

研究范围土地利用现状图

现状秦岭北麓的生态景观系统结构零散、功能单一，动植物群落的结构单一化，各类自然景观斑块较小，生态廊道被人为破坏，植物群落被人工景观孤立，阻碍物种迁移。

在乡村景观生态资源调查基础上，按照景观生态学中的"斑块—廊道—基质"模式，根据景观生态单元的划分标准，分析村域内生态的斑块、廊道、基质的空间格局。

杜角镇村构成了以农田为基质，建设用地、林地、水库为斑块，道路、水系为廊道的景观生态格局。

林地斑块破碎度较大，致使林地的生态作用被削弱，林地生物多样性和内部物种种群减少。

景观结构及功能比较脆弱。

景观之间的连续性和过渡性较差。

发展策略

● 村域空间总体格局规划

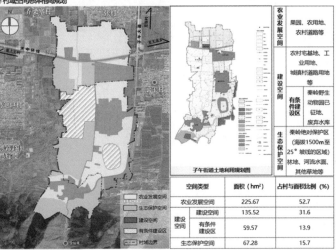

子午街道土地利用规划图

	农业发展空间	果园、农田地、农村道路等
	建设空间	农村宅基地、工业用地、城镇村道商用地等
	有条件建设区	秦岭野生动物园已征地、废弃水库
	生态保护空间	秦岭绝对保护区（海拔1500m及25°坡线以上区域）林地、河流水面、其他草地等

空间类型	面积(hm²)	占地与面积比例(%)
农业发展空间	225.67	52.7
建设空间	135.52	31.6
有条件建设区	59.57	13.9
生态保护空间	67.28	15.7

● 斑块廊道基质规划

将斑廊基格局进行梳理，调整其用地性质，提高其整体性与连接度，在村域内形成"田—水—林"的景观生态格局。

基于"斑块—廊道—基质"的模式，对村域内的农田林网、村片林、四旁绿化进行合理布局。

农田林网：对现状林地进行连接，与道路防护林带、村片林一起，形成完整的农田林网。

村片林：包括围村林、护路护堤林、庭院林、游想林等。

四旁绿地：村旁、路旁、水旁、宅旁林地。

加强景观连续性建设，连接破碎的林地斑块，在荒地内布局人工林地，通过水系廊道、道路廊道、农田或者农田林网连接各个斑块，提高斑块的连接度使其在景观单元范围内形成较为完整的斑块，优化景观格局。

社会专题研究 Social research

社会现状研究

● 村民代表——精英能人

□ 归属感较低，需要市场支持：杜角镇村精英能人因能力差异与村民不能进行良好融合，归属感较差，渴望参与村庄建设并获取相应的市场支持。

授课 8:00-12:00	午休 13:00-14:00	做饭、吃饭 18:00-20:00	睡觉 23:00	进城购物 周末
吃饭 12:00-13:00	授课 14:00-18:00	备课、休息 20:00-23:00		参加学术会议 周内

43岁 教育机构老师 张× 主干家庭

不满意
◆因教育机构减少社会和市场支持，资金不足，缺乏工作安全感。
◆因文化水平较高，与村民存在一定隔阂

满意
◆历史底蕴深厚，文化资源丰富。
◆通过知识的传授，帮助许多孩子考入较好的初中，在村中略有威望。

57岁 剪纸艺人 肖×× 主干家庭

不满意
◆这几年除逢年过节，很少有人需要剪纸了。
◆年轻人减少，剪纸艺术文化也难以传承。

满意
◆村庄的历史底蕴深厚，文化资源丰富。
◆剪纸在市场内售卖情况不佳，无法获得稳定的经济收益。

杜角镇村精英能人对参与村庄建设、获取市场支持、技艺传承和融入乡村社会环境具有较大诉求。

● 村民代表——部分村民

□ 日常社会活动单一，各年龄段需求不一：杜角镇村村民日常社会活动较为单一。各年龄段需求不一，老年人对社会价值观念改变、民主活动缺失表示不满，中年人对社会体系改变、就业机会少和社会保障缺乏表示不满。

晚上有时候会去村广场跳跳广场舞，活动活动筋骨。 早晨6:00起床，7:00到地里干农活，11:00左右回家休息吃饭。

最喜欢在农闲的时候约上三五好友下下棋，聊聊天，晒晒太阳。 农闲的时候回家休息，农忙在地里劳作，希望有能提供便利的设施。

69岁 从事传统农业 两栖家庭

不满意
◆居住环境有待提升，医疗设施不完善。
◆年轻人外出打工，村庄传统文化价值观念缺失严重。
◆民主活动越来越少，无法良好地行使自己的权利。

满意
◆有朋友陪伴，子女按时回来探望。
◆多年居住在村中，有固定的休闲方式。
◆现有农业耕种情况良好。

43岁 从事传统农业 主干家庭

不满意
◆渴望更高更稳定的经济收入，更多的社会福利保障。
◆传统农业受到市场经济的冲击，从事农业是"不体面"的工作。

满意
◆居住环境良好，但还有很大的空间可以提升。
◆村内有熟识的朋友，社会关系良好。

杜角镇村村民对村庄设施提升、文化信仰恢复、民主活动增加和就业机会增加等方面具有较大诉求。

问题探究

杜角镇村社会发展问题主要为经济发展问题和乡村治理问题。

发展策略

制定基础	发展动力	发展核心	发展保障
确定发展类型	保障资金投入	促进农业现代化	改革行政管理体制
		互促	
		发展非农产业	

◆ 确定发展类型

村民迁移意愿低	基础设施完备，亟待提升	有可利用文化资源、自然资源

新型农村社区的就地城镇化

◆ 保障资金投入

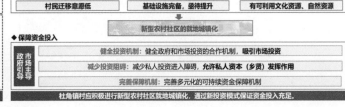

杜角镇村应积极进行新型农村社区就地城镇化，通过新投资模式保证资金投入充足。

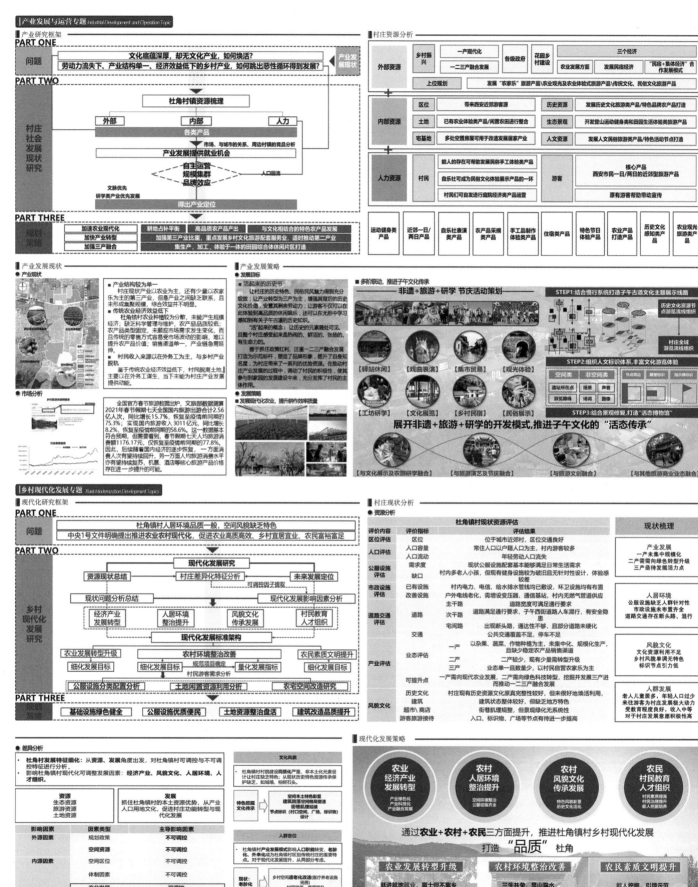

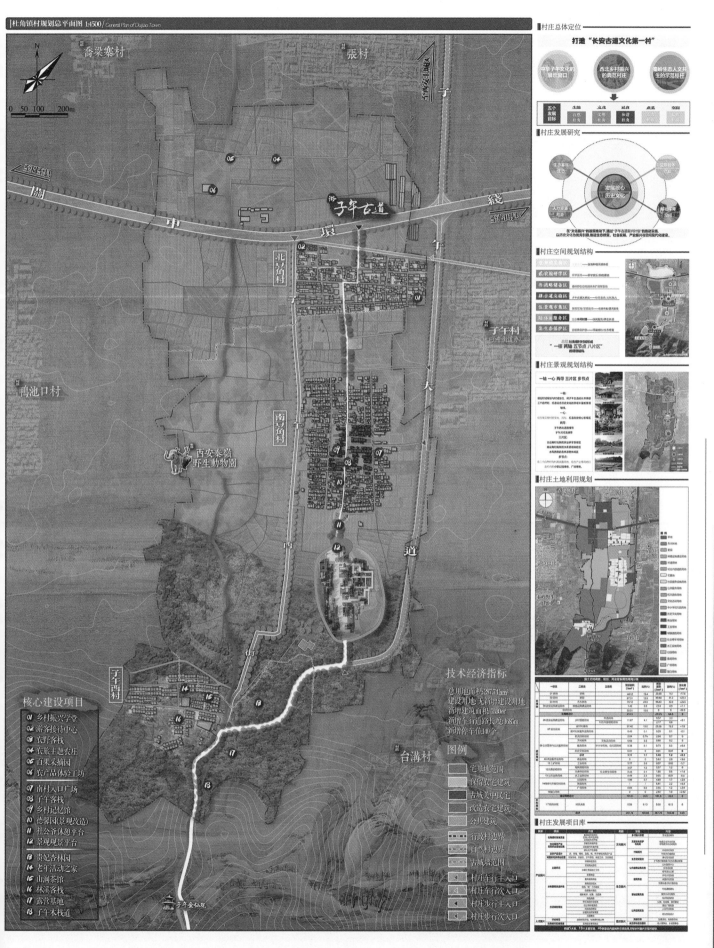

杜角镇村规划总平面图 1:4500 / General Plan of Dujiao Town

喬梁寨村

張村

子午古道

鴨池口村

西安秦嶺野生動物園

子午村
（子午街道办）

北豆角村

南豆角村

子午西村

台溝村

核心建设项目

01 乡村振兴学堂
02 游客接待中心
03 农野客栈
04 农旅主题农庄
05 百果采摘园
06 农产品体验工坊
07 南村入口广场
08 子午客栈
09 乡村记忆馆
10 德馨园（景观改造）
11 社公爷休息平台
12 景观观景平台
13 贵妃杏林园
14 老年活动之家
15 山涧茶馆
16 林美客栈
17 露营基地
18 子午木栈道

技术经济指标

总用地面积287.74hm²
建设用地 无新增建设用地
新增建筑面积5580m²
新增车行道路长度168km
新增停车位40个

图例

宅基地范围
保留农宅建筑
古城关中民宅
改造农宅建筑
公共建筑

行政村边界
自然村边界
古城墙范围
村庄车行主入口
村庄车行次入口
村庄步行主入口
村庄步行次入口

村庄总体定位

打造"长安古道文化第一村"

中华子午文化的展示窗口 | 西北乡村振兴的典范村庄 | 秦岭生态人文共生的示范样杆

村庄发展研究

村庄空间规划结构

村庄景观规划结构

一轴 一心 两带 三片区 多节点

村庄土地利用规划

村庄发展项目库

西安建筑科技大学 文化大秦岭·乐闲子午道

村庄发展系统保障 System guarantee of village

三大核心旅游产品

项目库搭建

农旅研学区
- 体验式农庄
- 庄园休闲庭院
- 应learning采摘园
- 农庄体验加工坊
- 乡村振兴学堂
- 蓝莓采摘园/草莓采摘园/樱桃采摘园
- 精台茶园
- 原山牧场
- 温泉民宿

文娱贸易区
- 四季花海
- 主题花舍
- 景观观景台
- 花创集集市区
- 花加工坊
- 花园餐厅
- 露天剧场

文化旅游核心区
- 特色农家乐
- 综合服务商店
- 农家客栈
- 古道研学讲堂
- 民俗产品体验街区
- 自乐广场
- 农家庭院小景
- 茶馆

古道发展轴
- 品牌杏林种植
- 杏加工坊
- 杏主题茶馆/清酒吧/餐厅
- 子午古道栈道
- 古遗茶铺

基础设施规划

交通系统规划

■ 内部交通

1.机动车停车场

规划考虑未来游客需求，保留现状停车场两处，分别为子午峪保护总站停车场与南豆角村村西停车场。在北豆角村北侧与南豆角村西侧规划建成两座停车场。

• 杜角镇村机动车停车场规划信息表

自然村	规划人口（2025年）	现状停车场面积	增设停车场面积	增设停车位数量
北豆角村	1489人		1340m²	40个
南豆角村	1927人	1684m²	1000m²	60个
子午村	537人	4850m²	670m²	40个

新增总停车场面积3010m²，新增总停车位数量140个

2.游览电车及共享单车

规划在旅游环线上设置：
①七处游览电车站点（每会山观景点处有一处游览电车站点），方便为外来游客观赏本地美景，分时段、分地点为游客提供便利的交通服务。
②设六处共享单车停车点，为不同需求游客（登山）提供便利。

道路系统规划

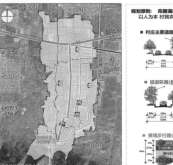

规划原则：完善道路系统 划分道路等级 优化现有道路断面
以人为本 村村镇线作用 游客旅游各有所需 流线线各不紊乱

- 村庄主要道路（改道）
- 村庄次要道路（改造）
- 旅游环线（规划）
- 宅间路（景观提升）
- 展览步行路（规划）

公共服务设施规划

依据《陕西省实用性村庄规划编制技术导则》《新时代乡村规划》《陕西省美丽乡村建设规范》、乡村村现代化发展专题研究以及现状条件，在充分尊重村民的诉求基础上结合未来外来旅游人口，统筹设施制定杜角镇村庄公共服务设施规划。

杜角镇村公共服务设施规划引索表

类别	项目	数量	状态
行政管理	村委会	1	整治
公共服务	公共服务中心	1	新建（合建）
	电信代办点	1	改建
	邮政代办点	1	保留
教育设施	幼儿园	1	整治
	小学	—	
文化体育	文化活动室	1	新建（合建）
	文化服务中心	1	新建（合建）
	图书馆	1	新建（合建）
	村民公园	1	整治
	村史馆	1	保留
医疗卫生	卫生室	2	保留
社会福利	老年活动之家	3	新增1处（合建）
	留守儿童活动站	2	托儿所
商业设施	超市、商店	4\8	保留
	游客旅游接待	1	新建（合建）
	产品展销	1	新建（合建）

雨水系统规划

为保证村庄的用水安全及生态建设要求，规划将原有的雨污合流式排水改为雨污分流式，并分期逐步实现雨污分流管道建设。

□ 雨水系统：

1. 雨水管渠系统

根据现状及道路规划布置雨水管道，采用明渠和暗渠相结合的形式，让雨水以重力流方式排出。

在道路交叉口的汇水点、低洼地段均应设置雨水口。

2. 雨水排放

雨水排放以短距离、多出口、分散就近排放为原则，排入最近的雨水花园、农田或通过植草沟排入就近的河流。

□ 污水系统：

1.污水管道设置

污水管道以暗管形式埋设地下，部分接入污水处理厂处理，各自然村利用闲置地设置一个简易污水处理点，处理后排放。

污水干管管径300mm，支管呈枝状布点，支管径200mm。

污水系统规划

给水系统规划

1. 需水量预测：

根据《西北地区农村生活污水处理技术指南》《美丽乡村建设指南》，本规划确定杜角镇村人均用水量90L/天。

表 4-1西北地区农村居民日用水量参考值

居民生活供水系统配套情况	人均用水量（升/天）
有自来水、水冲厕所、淋浴的	75~140
有自来水、有选配卫生设施的	75~90
有自来水，基本无卫生设施的	30~40
无自来水，无基本卫生设施的	20~35

2. 水源规划：

水源主要为地下水，完善现有的供水管网。

3. 供水管网规划：

结合村庄道路规划，给水管道沿道路埋设，呈枝状分布，管径在DN80~DN150之间。

综合防灾规划

□ 综合防灾规划

杜角镇村在村委会处集中设置防灾指挥中心、医疗服务点、消防站点等。

1. 防洪系统： "上蓄水、中固堤、下利泄"原则

西村采用以排为主的防洪措施，修筑植被型生态护岸；雨村南侧增设防洪堤规划护坡。

2. 消防系统：

消火栓按间距不大于120m，主要布置在子午大道、子午西街沿线以及人群集中活动场地。

标识系统规划

□ 标识系统规划

• 杜角镇村标识系统布局要充分考虑到村落、游客的不同使用需求，根据规划的古道复苏旅游片区和居民生活片区将标识系统进行有秩序的布置。

关牛环线、子午西街沿线 | 村庄内部标识系统

南豆角村总平面图

- N
- 0 25 50 100m

北豆角村

子午村
子午街道办

南豆角村

西安秦岭野生动物园

子午河

子午西大街

子午西村

子午金仙观
游 子午古道

台沟村

- 古道集市
- 少时客栈
- 乡村记忆馆
- 光棚遇园
- 福泽枕宴
- 绕山揽景

村组定位

- 时尚北豆角村:农旅研学 Agricultural Tourism Research
- 古朴南豆角村:文游史观 Cultural Tourism Friday
- 静谧子午西村:静居禅修 Meditation in Tranquility

古道沿线景观规划

1 子午山里杜鹃啼 嘉陵水头行客饭	5 社稷绵昌连五福 公神有赫瓶群鉴
2 长安古道马迟迟 杨柳青青酥嘶嘶	6 曲经及第依山岩 子午城关看夕阳
3 驻马回鞭指长安 瞳瞳西日落嘉嘉	7 放人早行子午关 却登秦山程路远
4 一骑红尘妃子美 无人知足荔枝来	8 出师一表真名世 千载谁堪伯仲间
9 唱棚骑马扬鞭去 秋雨槐花子午关	

南豆角村空间意境

梁·闲江湖

核心 交集 边缘 世外

梁·一快意江湖   闲·飘渺江湖

江湖·闲   江湖·梁
飘渺江湖   快意江湖

075

南豆角村鸟瞰图

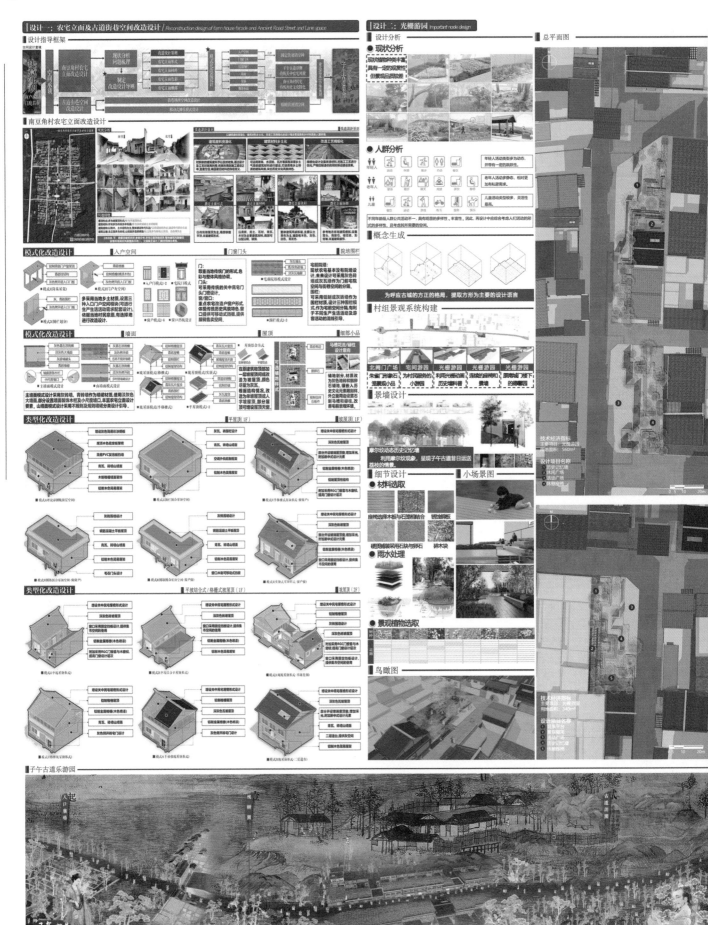

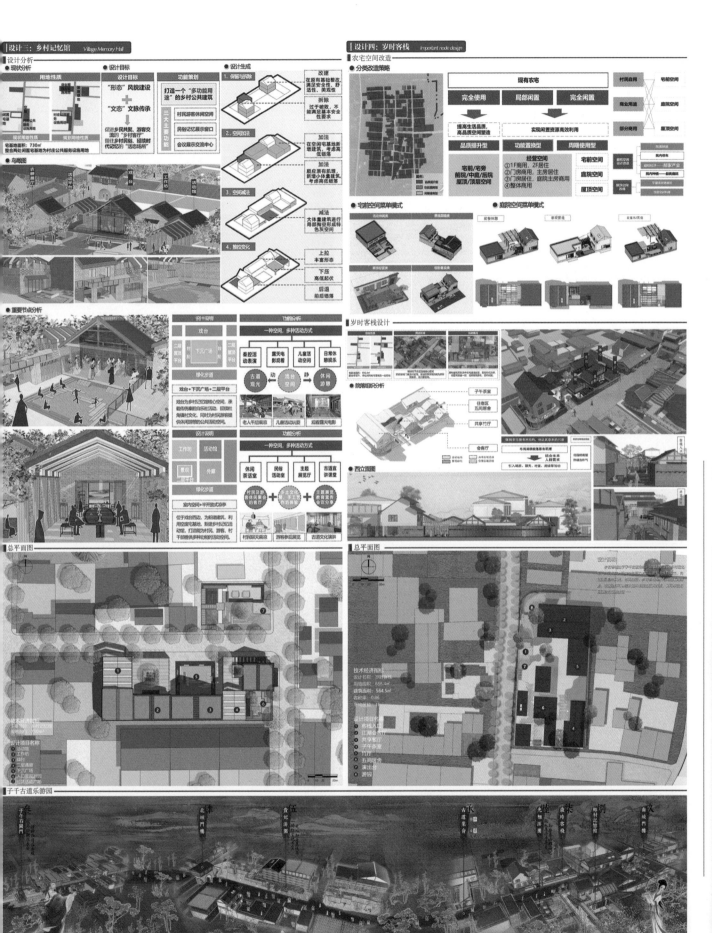

|设计五：福泽柏室 Important Node Design|

■ 现状分析
● 区位分析

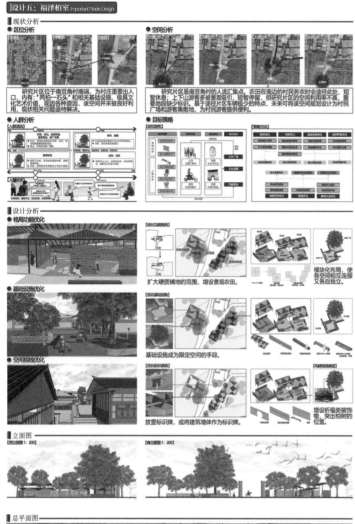

研究片区位于南豆角村南端，为村庄重要出入口，内有"两柏一石头"和相关基础设施，极具文化艺术价值。由于各种原因，该空间并未被良好利用，现状相关问题亟待解决。

● 空间分析

研究片区是南豆角村的人流汇集点。农田在南边的村民务农时会途径此处，短暂休息；上下山游客多被景观吸引，短暂停留，但研究片区的空间利用率不高。重要地段缺少标识，未来可将该空间规划设计为村民广场和游客集散地，为村民游客提供便利。

● 人群分析

● 目标策略

■ 设计分析
● 格局功能优化

● 基础设施优化

● 空间视线优化

扩大硬质铺地的范围，增设景观农田。

基础设施成为限定空间的手段。

放置标识牌，或将建筑墙体作为标识牌。

模块化布局，使各空间相互连接又各自独立。

增设祈福类装饰物，突出柏树的位置。

■ 立面图

|设计六：依山窥景 Important area design|

■ 设计分析

该项目承接了村域的规划项目，如四季花海、景观平台、露天剧场等，以及满足后期调研中发现人们在此野餐郊游的活动需求。

游园部分，通过平面的升降，提供了很多可供休息的高差平台，其中部分平台亦可作为创意集市/露天剧场/产品推介会的活动平台。

在彩色的玻璃板里进行镂空刻刻，透出的部分可以清晰地框出原有的城廓日址轮廓，可作为村庄的一处打卡点，以吸引外来游客，带来人流。

由直线折叠的内凹围合空间种植着不同时节的不同花景植物，成为不同主题花色的小游园。在水库的西村，种植"贵妃笑"品牌杏林，林下设置若干独立小亭子，花下饮酒，山水之乐，得之心而寓之酒也。

■ 总平面图

技术经济指标

设计项目名称
① 活动广场
② 休闲广场
③ 观景室
④ 活动室
⑤ 展览室

■ 总平面图

■ 子午古道复原图

城乡规划学
崔琳琳

为期三个月的四校乡村联合毕业设计即将结束，它带给我的不仅是规划方面的学习和进步，更包含了人情的温暖和对乡村社会更深入的了解和认识。来自全国各地、天南海北的同学互相认识、交流，互为补充，进而熟悉和亲近。难得的异乡友谊是我们在这个特殊经历中获得的珍贵情感、意外之喜。

观察村民的生活，和村民聊天，让我学习到很多，也越来越深刻地体会到乡村与城市的区别。我渐渐明白，如何做到城乡"有差异、无差距"，是一件需要不断探索的事。

同时，特别感谢四位老师给予我们的指导和陪伴。虽然一次毕业设计能够做的工作是有限的，设计是有不足的，但却使我意识到一种对乡村规划的态度与责任。与老师和小组的伙伴们一路走来，我发现学习很忙碌，但团队可以很开心，彼此加油打气，一起为同一个目标努力！

城乡规划学
樊希玮

参与这次四校乡村联合毕业设计，我最大的感受就是乡村规划的在地性与社会性。从对杜角镇村的前期调研到后续推进中，我不断学习到乡村规划与用地、农宅、产业发展息息相关，用地与产业布局规划决定了乡村规划是否能合理地实施，确定好宅基地的权属、农宅形式等各个细节方面，我们才能真正地推进乡村规划设计，有依据、有保障地实施乡村规划。

而乡村规划的社会性，就是乡村规划要在社会与文化的交织这个背景下进行，之前读过费孝通先生的《乡土中国》，书中所讲的乡村社会是不同于城市的秩序化社会，其特点更多的是宗族化与血脉性。我认为，在地性与社会性始终都是乡村规划需要思考的重点。同时也感谢四位老师在毕业设计过程中的悉心指导，为我们在乡村规划的学习中传授了理论经验，这段毕业设计经历也将会成为我人生旅途中一笔宝贵的财富。

城乡规划学
王雪怡

三个月的毕业设计让我感受良多。乡村设计不同于城市设计，区别从乡村中的"人"与城市中的"人"的需求方面就可见一斑，其供求关系随着科技发展，生活方式、生产方式、生态本底也存在着不同程度的差异化。我们在研究与设计时必须要更多地考虑到它的乡土性，从它的乡土本色出发，才能更好地为村民，为这片土地，为他们的生活做好规划与设计。

毕业设计结束后，我们将真正离开学校，真正离开学校的这个"场"，走入更大的一片现实中去，希望我们还能够像现在这样，在真空状态中思索，在生活中寻求可能。在这里，我要感谢毕业设计里指导过我的每一位老师，从老师身上看到了严谨治学的态度，更重要的是学到了做人的道理，使我受用终身。

城乡规划学
王雅丽

四校乡村联合毕业设计已告一段落，在这里，我想特别感谢给予我帮助的老师和同学们，特别是四位指导老师，他们循循善诱的指导和不拘一格的思路给予我无尽的启迪，是我人生的宝贵财富。在设计过程中，我从外来人员变成"杜角镇村村民"再变成为村民营建家园的规划师，层层的转变以及转变中的不同体验使我对乡村有了新的认识。乡村，不同于城市，它有着独特的性格，在为南豆角村设计村民广场时，我深深地体会到这一点。城市中的广场设计强调景观绿化与硬质场地的契合，而乡村中的广场则因乡村独有的生态环境，更加强调硬质场地的建设，其建设内容较城市广场更加注重以人为本、从行为出发。以小观大，乡村规划设计如同量体裁衣，需深入探寻内在规律，准确测量村庄尺度，才能为其套上独有的美丽乡村外衣。

城乡规划学
杨晨露

近三个月的紧张又充实的乡村联合毕业设计迎来尾声，这样一段接地气的体验让我收获了很多。在如火如荼的乡村建设发展下，乡村的建设不能只停留在加快发展，突出乡村功能才能发展乡村价值，挖掘不同乡村发展的独特优势，弘扬乡土文化，打造好这样一个与城市并重的载体。同时，在建设乡村时，不只是表层的乡村美化，要始终以人为本，要能为老百姓考虑，通过规划设计真正地改善村民的生活，从各方面促进乡村的现代化发展。

在这里，我非常感谢一直以来辛苦辅导的老师们，始终在迷茫的时候给予我们方向，也非常感谢一起合作的组员，大家彼此鼓励安慰，互相帮忙，连枯燥的画图时间也是各种欢声笑语。毕业设计结束，大学时光接近尾声，未来我也会继续努力，满怀热情与敬畏，开启自己的下一段旅途。

风景园林学
李博宇

很幸运参加了四校乡村联合毕业设计，这次的毕业设计对我来说是一个全新的课题。在我看来，乡村不仅仅是一个村子，它更是一种文化，一种对于历史的鉴证，而杜角镇村正是一个历史底蕴深厚的村庄，这里承载的历史可以为村庄的发展提供资源，也让杜角镇村今后的规划设计有了更多可能性。因此，在规划设计过程中，我们对村庄的历史文化进行了深入挖掘，我才知道一个其貌不扬的小村庄里竟藏着这么多有趣的历史故事与民俗节日，让我对乡村有了新的认识。

特别感谢这三个月来给予我帮助的老师和同学，特别是可爱的组员们给我的鼓励和动力，让我在这个陌生的课题和团队里能一步一步顺利地推进工作。感谢我们的指导老师们，从调研、研究、规划到设计细节，每一个环节都认真细致地与我们一起商讨，提出了非常多的宝贵意见，指导着我们更加深入地理解乡村规划。就此，我的本科生涯结束，我们江湖再见。

承脉焕新，活态原乡

青岛理工大学　Qingdao University of Technology

参与学生： 丁佳艺　尚晓萌　张永婷　黄高流

指导教师： 王润生　王　琳　朱一荣　刘一光

教师释题：

　　杜角镇村隶属于西安市长安区子午街道，西邻滦镇街道鸭池口村，东邻子午镇村，北邻张村，南依秦岭，处于子午大道南段，是出秦岭子午峪口后的第一个村落。村域面积为 426.2hm²，共有三个自然村，分别为北豆角村、南豆角村、子午西村。村域内文化资源分布广泛、历史悠久，其中南豆角村为陕西省历史文化名村，也是秦岭子午峪周边众多村落中唯一一个古迹尚存的村落。

　　本次设计以长安区子午街办乡村面临的三大挑战——生态保护与乡村发展如何协调，乡村如何融入都市圈，乡村现代化与传统文化传承如何平衡发展为切入点，剖析乡村发展建设中出现的问题，并挖掘乡村的内生动力，为村庄发展提供具体的策略，形成协调统一的综合解决方案。

　　村中仍保留有具有关中建筑特色的古民居，更有古道、古城楼、古柏、社公爷等历史古迹，颇有历史、艺术与科学价值。本次方案以杜角镇村得天独厚的文化资源为依托，以文化振兴为核心，带动村庄的生态系统建设、文化修复建设、产业升级建设、人居提升建设，构建保生态基地、延文脉古韵、活产业建设、营活态人居 4 大规划策略，并从杜角镇村村域总体规划设计和南豆角村详细设计两个层面落实村庄空间设计，意将杜角镇村打造成集文化展示、民俗文创、休闲观光、特色食宿为一体的秦岭脚下文化振兴示范村。

承脉焕新 活态原乡
——文化视域下杜角镇村的活态传承发展研究

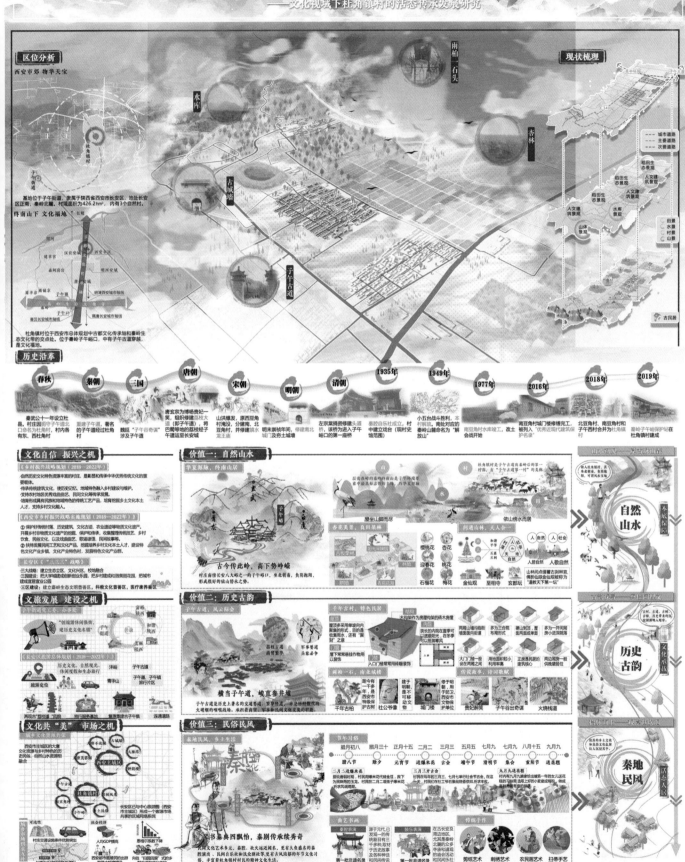

青岛理工大学·承脉焕新·活态原乡

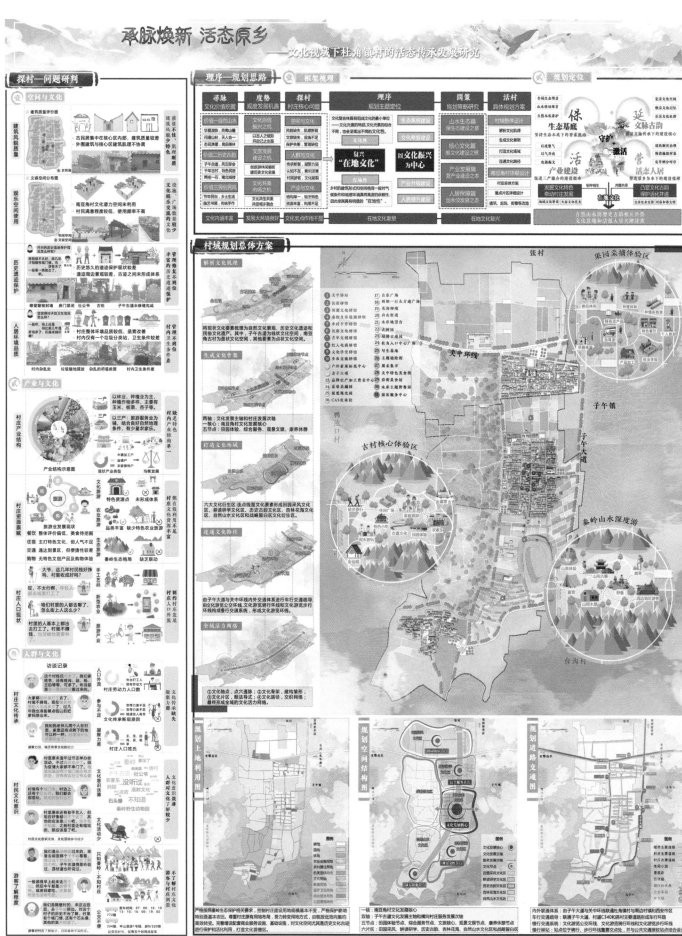

承脉焕新 活态原乡
——文化视域下杜角镇村的活态传承发展研究

生态基底建设篇

全域生态塑景

水库观景体验区 / 园林采摘体验区 / 景观花海体验区

保生态基底 固文化之基

山水格局维育
生态优先 绿色发展 和谐共生

自然本底养护

地理数据处理

文化核心建设篇

文化遗产价值评估

评估指标体系模型

综合评价及价值排序

策略一：复活文化空间

策略二：焕活文化记忆

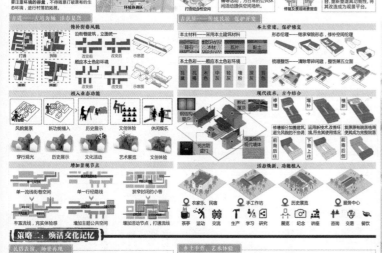

文化触媒点分布

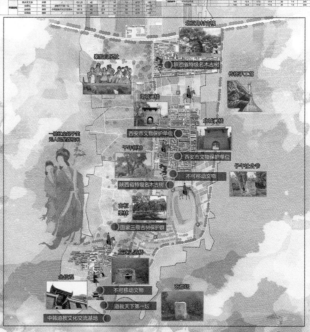

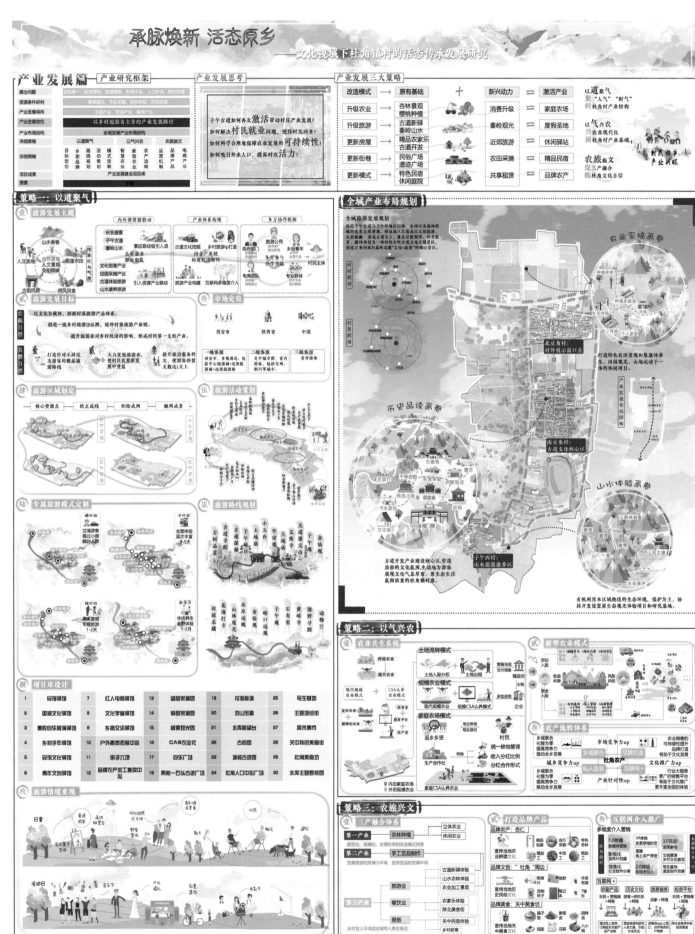

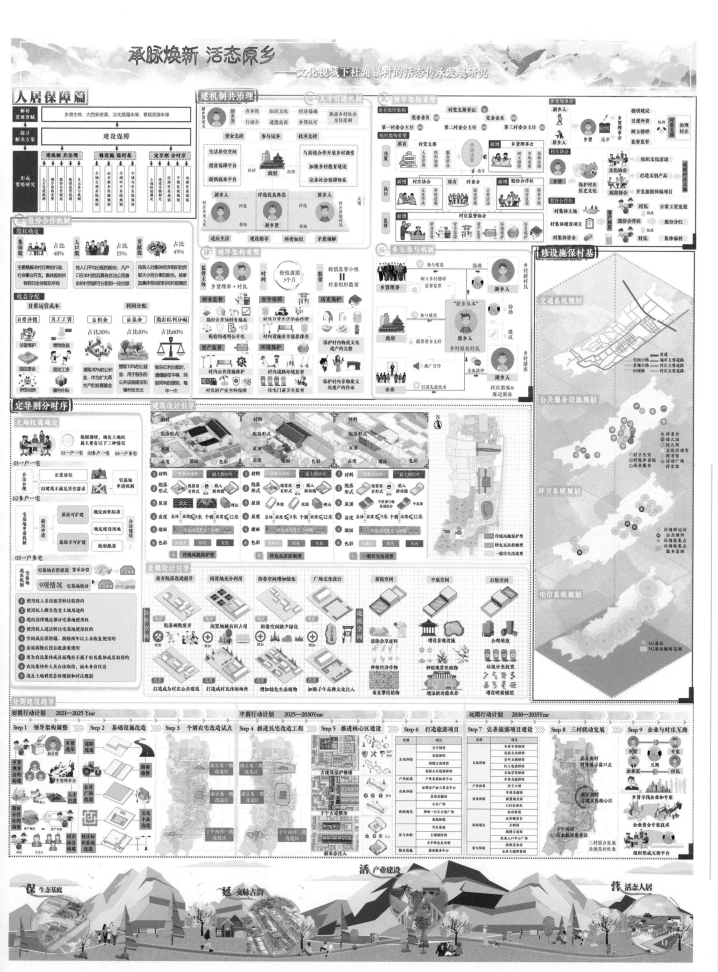

承脉焕新 活态原乡

——文化视域下杜角镇村的活态传承发展研究

村庄总平面

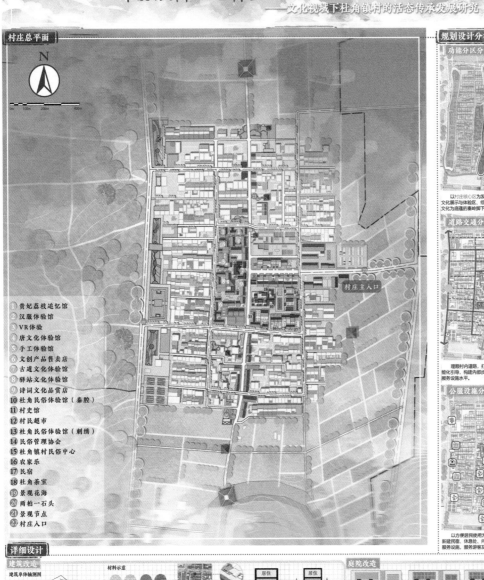

N

1km 100m 200m 400m

① 贵妃荔枝追忆馆
② 汉服体验馆
③ VR体验
④ 唐文化体验馆
⑤ 手工体验馆
⑥ 文创产品售卖店
⑦ 古道文化体验馆
⑧ 驿站文化体验馆
⑨ 诗词文化品赏店
⑩ 杜角民俗体验馆（秦腔）
⑪ 村史馆
⑫ 村民超市
⑬ 杜角民俗体验馆（刺绣）
⑭ 民俗管理协会
⑮ 杜角镇村民俗中心
⑯ 农家乐
⑰ 民宿
⑱ 杜角茶室
⑲ 景观花海
⑳ 两柏一石头
㉑ 景观节点
㉒ 村庄入口

村庄主入口

规划设计分析图

功能分区分析图

规划结构分析图

道路交通分析图

景观系统分析图

公服设施分析图

基础设施分析图

详细设计

建筑改造

庭院改造

景观设计

街巷整治

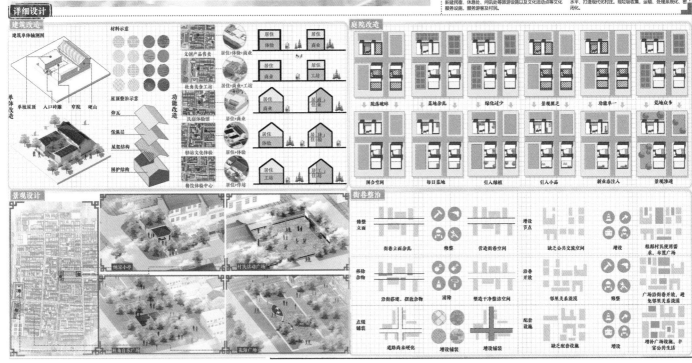

承脉焕新 活态原乡

—— 文化视域下杜角镇村的活态传承发展研究

古道文化体验设计

悠悠古道越千年，
巍巍子午横甘陕，
林深草茂万物生。
雾绕云遮重峦隐，

局部鸟瞰图

局部平面图

历史文化核心体验内街入口

景观亭子游玩处

古道文化展示馆入口

村史馆入口

村庄入口空间设计

入口广场空间整治

衔接村庄内外，展示杜角村文化魅力，为外来游客提供旅游介绍空间
地面：广场地面整体为石材铺装，营造广场的舒适性和景观性。
设施：设立照明、公告、标志等设备，以及停车设施。
绿化：采用多种花卉、灌木，丰富入口广场周边景观和空间层次。

散步　嬉戏　运动　健身　聊天　下棋

入口宅前街巷空间改造

宅间道路改造：利用青瓦墙的高台，
改造成花坛，增设绿地。
完善地面铺装，进行环境整治。

户前平台改造：改善门前铺装，
增设休息座椅和桌子，整理花坛、
街花坛树木、添加木质氛围。

入口建筑公共空间改造　入口民房功能植入

现状封闭规则小园　连通道路改造开放空间

局部平面图

局部鸟瞰图

民俗文化体验设计

空间打造

特征功能提取　特征功能植入　完善路网体系　整治步行土路

铺装改造养护　丰富街巷界面　房屋肌理缝补　动静功能分离

活动流线分析

儿童　运动　玩乐　交流
青年　交流　表演　运动
老年　娱乐　休闲　遛狗
游客　摄影　登山　骑行

局部平面图

局部鸟瞰图

景观花海体验区设计

外部空间详细设计

沿街活动空间改造　STEP1:改造沿街建筑空间　STEP2:新增绿化展示空间　STEP3:置入景观小品

沿街特色建筑改造　STEP1:新增沿街空间　STEP2:建筑风貌协调　STEP3:置入外部植物

绿化设计

集中的绿地广场　丰富的景观小品
沿绿化布置遮阳设施　多样的花卉景观
绿化结合铺装设计　结合绿化的休息座位

主要活动

广场舞　摆摊　宣传
闲聊　健身　小吃集市
蓝街　休憩　赏花

局部平面图

局部鸟瞰图

人行流线

流线分析

局部效果图

人行流线

文化空间更新设计

信仰文化空间设计　空间更新策略

单一历史遗迹　结合遗址增加新功能　设计空间流线走向

两柏一石头
广场设计
集会　交流　祈福

增加更多活动体验　增加历史遗迹展示小品　独具特色遗迹广场

历史文化体验区设计

商业分布图

1 贵妃荔枝体验馆
2 汉服体验馆
3 VR体验
4 唐文化体验馆
5 文创产品售卖
6 手工体验
7 古道文化展示区
8 驿站文化体验
9 文创产品售卖
10 文创产品售卖
11 诗词文化品质
12 手工体验
雕塑喷泉区　广场　街道　活动中心　庭院
诗画广场

主要活动

妃　一袭红尘妃子笑　汉服体验
产品售卖　VR体验　唐文化
手工体验　诗词文化
驿站文化体验　诗词文化广场

营造多元活动空间

打通村庄历史文化核心区，将建筑功能进行转
变，丰富其功能。构建连续的步行空间，营造
多元活动空间，让人有舒适的体验。

088

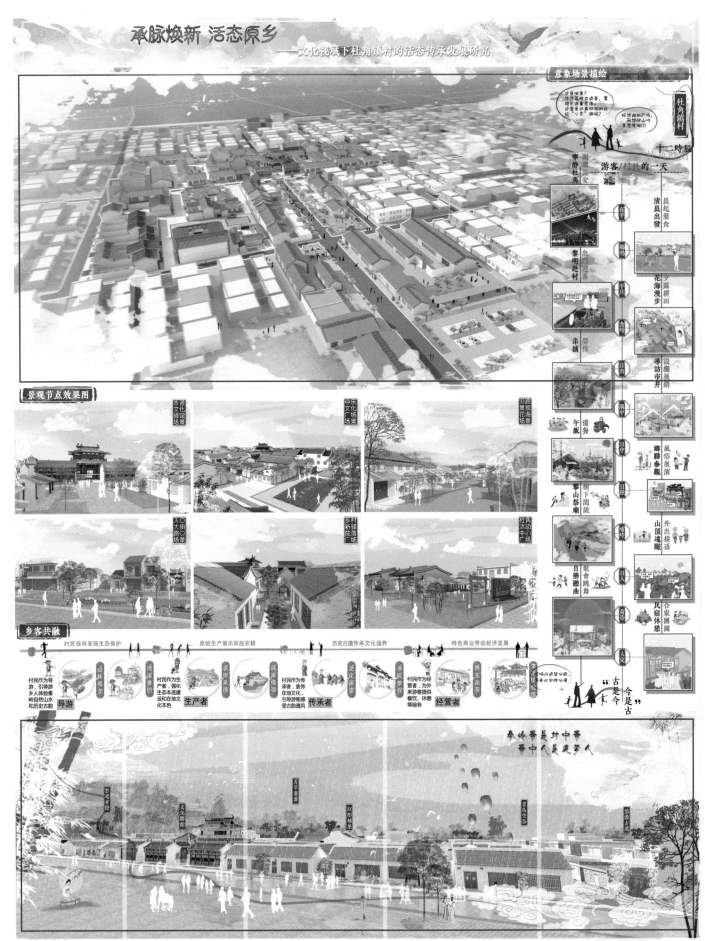

承脉焕新 活态原乡
——文化视域下杜角镇村的活态传承发展研究

城乡规划学
丁佳艺

经过三个多月的共同努力，这次四校联合毕业设计终于画上了圆满的句号。非常荣幸能够参与四校联合毕业设计，从调研到答辩，从初春到夏至，我们一路剖析现状讨论方案，一路互帮互助解决困难，一路有说有笑一起成长。四校学生互相学习、共同进步，从前期调研到汇报答辩，我们在彼此身上看到太多的闪光点，更知道自己将要改进的方向。未来我会努力提升专业知识，希望能对乡村建设做出自己的一点贡献，将论文写在祖国的大地上。

最后，感谢四校联合毕业设计提供了这样一个平台，让我们迅速地成长，感谢每一位老师的倾囊相授，感谢每一位队友的不言辛劳，也感谢每一位同学的满满热情，一期一会，感恩同行！

城乡规划学
尚晓萌

时光荏苒，大学本科生活也伴随着毕业设计的完成走向了终点，很感谢这次毕业设计，在整个过程中，我们领略到大西安古城的气派和雾绕云遮的秦岭风光。在本次联合毕业设计中，认识了来自五湖四海的朋友、同学，让我切身感受到什么是优秀，体会到各个学校的不同风格，在联合设计的交流中还建立了友谊，这些都将是我们毕生的财富。本次毕业设计能够顺利完成，首先要感谢辛勤付出的老师们，然后就是我的伙伴和搭档们，是你们日夜的陪伴，坚持认真的态度和相互协作的包容，让我们大学生涯画上圆满的句号。在这里，我也祝愿参加本次四校联合设计的各位同学前程似锦，也祝愿我们以后的五校联合设计越办越好！

城乡规划学
张永婷

三个月的时间，一千公里的路程，似乎都不足以来形容毕业设计。开始的纠结，中途的迷茫，一切似乎还在昨天。困难终于在团队协作下迎刃而解，图纸也在日日夜夜的努力中问世，为大学本科五年的学习时光画上了圆满的句号。

这是我第一次接触乡村规划，发现乡村有着不同于城市的独特魅力。这次毕业设计是对我大学规划生涯的一次总结，过程虽然有许多艰辛，但是通过和同学们的共同合作，学到了很多知识，更懂得一个团队中成员的通力合作对最终成果呈现的重要性。五年大学规划生活悄悄落下帷幕，悠悠五载，时光荏苒。虽然过程还是有许多遗憾，但是值得回忆的是我们共同奋斗、共同进退的那些闪耀的日子，感谢这一路陪伴的可爱的人，青春不散，不说再见！

城乡规划学
黄高流

本次毕业设计始于西安，终于青岛。经历了嶙峋的山脉，也感受了西安的风土人情，在这个过程中，我们不断穿梭于大师们的思想缝隙之间，寻求灵感的火花，最终寻找最适合的解决方案。一路走来，有过失落，有过彷徨，有过喜悦，不过这都已经不重要了，重要的是在这次毕业设计的过程中，磨炼了心智，考验了自我，也收获了许多。最后，感谢老师的悉心指导，感谢同学们的帮助，也感谢四校联合毕业设计给了我这次宝贵的经验。

终南诗隐，忆脉相承

华中科技大学　Huazhong University of Science and Technology

参与学生：张莞涵　许梧桐　王宇涵　高　阳

指导教师：洪亮平　任绍斌　王智勇　乔　杰

教师释题：

　　本届四校乡村联合设计主题"终南山居"可从三个层次进行理解。其一，作为文化高地，中国人的精神家园，"终南山居"构建了一种理想人居文化图景，但已然不是古人的参禅、问道、隐居，需要在恢复区域文化功能的同时，发挥终南山优秀传统文化对城乡融合和高品质发展的文化服务功能；其二，面对生态文明建设和乡村振兴战略需求，需要重新看待"终南山居"下乡村转型发展的现实意义，即以一种怎样的价值导向应对山区生态保护与乡村建设，同时面对大城市近郊区乡村转型发展的迫切需求；其三，山居"终南"，站在秦岭生态保护大背景下，秦岭西安段特殊的区域资源条件和历史人文环境既是比较优势也是发展制约，但村落的衰败揭示了村庄人居环境系统运作的复杂性，需要探讨如何立足村庄发展实际困境，从产业振兴和优秀历史文化保护的视角为乡村资源要素的活化利用提供多种可能。本设计组深入杜角镇村，通过观察、访谈的形式与在地村民进行沟通，了解村民日常生产生活实际，洞悉村庄历史与消逝的传统，预见村民期待和未知前景。以"终南诗隐，忆脉相承"为方案设计主题，通过区域文化资源特色提取，提升村庄社会文化服务功能，从产业层次、城乡关系、生态环境、文化特色等方面引领村庄功能提升，重现终南山居活力生活，构建了村落功能提升下的"历史文化传承、人居环境改善、生态环境保护"综合发展思路。

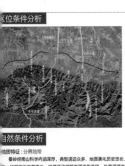

区位条件分析

杜角镇村位于长安区中部，子午街道西部，距区政府12.8 km，距子午街道办2.5 km。西邻滦镇街道鸭池口村，东邻子午镇村，北邻张村，南依秦岭，处于子午大道南段，环山公路的南侧，出子午古道（子午峪）后的第一个村落。

区位特征总结

终南山畔　西安市郊
生态屏障　千年古镇

自然条件分析

地质特征：分界地带

秦岭经褶皱山科学内涵深厚，典型遗迹众多，地质演化历史悠长，构造强烈复杂，地层岩石发育齐全，岩浆活动和变质变质类型多样，矿产资源丰富，属世界典型代表性大造地之地，具有当代地学发展的丰富前沿信息。

水文特征：水资源低于全国平均水平

气候特征：雨量适中，四季分明

地貌特征：
北仰甸岭，山大沟深，山岭与河谷、台地相间。主要地貌单元为山前冲积、洪积扇群，黄土台原、地垒断块山（望山），流水侵蚀剥蚀的黄土高丘陵、流水侵蚀剥蚀的大起伏中山、古冰川作用的极大起伏高山。

主要农产品：
花椒树、玉米、草莓、西洋菜、柿子

现状土地利用图

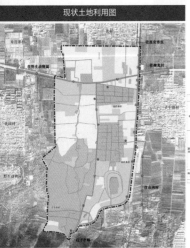

村庄用地汇总

社会经济条件

Q1: 您的教育程度
Q2: 家庭有外务工人员
Q3: 家庭年收入情况
Q4: 家庭经济收入来源

人文背景现状

历史沿革：春秋建村，千年古镇

杜角镇村自春秋建村以来，扼守子午道要冲，至今2700多年，山清水秀的地理环境孕育了古村民俗，农耕雨雪，民风古朴，世代秉承淳朴勤劳节俭的民风和淳雅，仪以及诚文肖睦的精神，他们安分守己，勤遵祖法，和衷共济，繁衍生息。

关于秦岭：华夏民族起源地

秦岭是我国南北气候的分界线和重要的生态安全屏障，是中华的祖脉和基因库，其重要性不言而喻，但秦岭中北麓却是秦岭的核心中的核心，更有极其丰富的价值和地位

关于七十二峪：关中后花园

在今天，"秦岭七十二峪"已是秦岭的重要代名词。七十二峪更成为陕西人民值得骄傲的健身休闲和旅游目的地，是关中人民的后花园，也是陕西西部游资源最集中，游客复游最多的地区。

土地权属现状

总结分析

1. 秦岭山群，自然风光良好
2. 靠近子午大道，交通便利
3. 历史悠久，文化资源潜力丰富

STRENGTHS 优势
WEAKNESS 劣势

1. 无优势农副产品
2. 秦岭生态保护严禁开发建设
3. 历史文化资源没有得到充分利用

OPPORTUNITIES 机会
1. 西安四环线建设，交通条件进一步改善
2. 现代人日益重视身心健康，休闲养生前景明朗
3. 乡村振兴如火如荼

THREATS 威胁
1. 唐村，抱龙村乡建突出，同质化竞争
2. 生态恶化的潜在危险

如何让终南山畔的村庄与自然和谐共生？　如何让村庄融入西安都市圈？　如何兼顾传统文化传承与现代化发展？

南豆角村印象

现状二：宝藏场　历史文化
现状一：老龄化　人口
现状三：绿植　尖锐灯
文化：大舞台

方面	特点总结	潜力	现状
区位	紧邻美景	大城市易达：西安市郊，对外交通便利 主城区可变：游料	远途游，势客薄回头回流难度高 老龄化程度高，年轻人外出打工
产业	田园种植	农田大片集中，宜规模化经营	劳作收益较低，村民耕种效率低 服务业种类单一，品质不高
建筑	屋舍俨然	保留一定历史建筑，历史文脉需从保护处理	建筑风貌明显，有一定基础应该建设
社会	文化传承	村情民风：历史悠久、耕读传家	文化缺失，人口老龄化、家庭空心化

现状建筑层数

现状排水状况

现状给水状况

上位规划及政策

政府政策支持

1 杜角镇村位于秦岭生态保护区建设控制地带向生态环境保护范围过渡地地带，位于总规中都市文化传导与古都文化传承带交汇处

2 围绕西安市建设秦岭国家中央公园的目标，提出将长安区建设为"国家康养民宿示范区""国家乡村振兴示范区"的战略目标

3 2017年陕西省旅游行业以旅游融合发展作为根本路径，创建全国休闲农业和乡村旅游示范区10个，31个文化旅游名镇建设

现状产业分布

耕地面积：866亩
林地面积：820亩

第一产业
来果采集（主导产业）
主要作物种植：
杂粮——樱桃、板栗、扬子、葡萄、杏
蔬菜——花椒果、玉米、草莓
西洋菜
村庄特色产业：
樱桃种植、干面栗采园

第二产业
因生态环境保护的要求，需要控制污染物排放量，目前没有工厂的建设

第三产业
农家乐、民宿

现状建筑质量

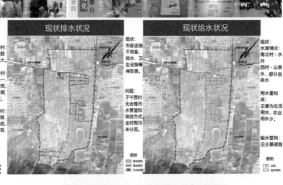

北豆角村：
地大多数为2000年代后新建住房，少部分为20世纪70—80年代建筑，村庄整体建筑质量较好。

南豆角村：
房屋质量差距较大，有部分建筑建于百年前，也有新建建筑。

子午西村：
房屋质量整体较好，全为砖混结构，风貌为单一而缺乏乡土特色。

现状综合防灾设施

现状综合交通设施

现状公共服务与基础设施

现状和调整后总建设用地面积一览

不满足人均指标的应增加面积，满足人均指标的后优化调整布局

问题：
1. 北村，西村缺乏公共管理设施
2. 北村缺乏文化体育场设施
3. 基础设施建设水平低下，公园、污水处理设施、垃圾收集点不健全
4. 现状社会福利设施使用率低下

091

华中科技大学　终南诗隐，忆脉相承

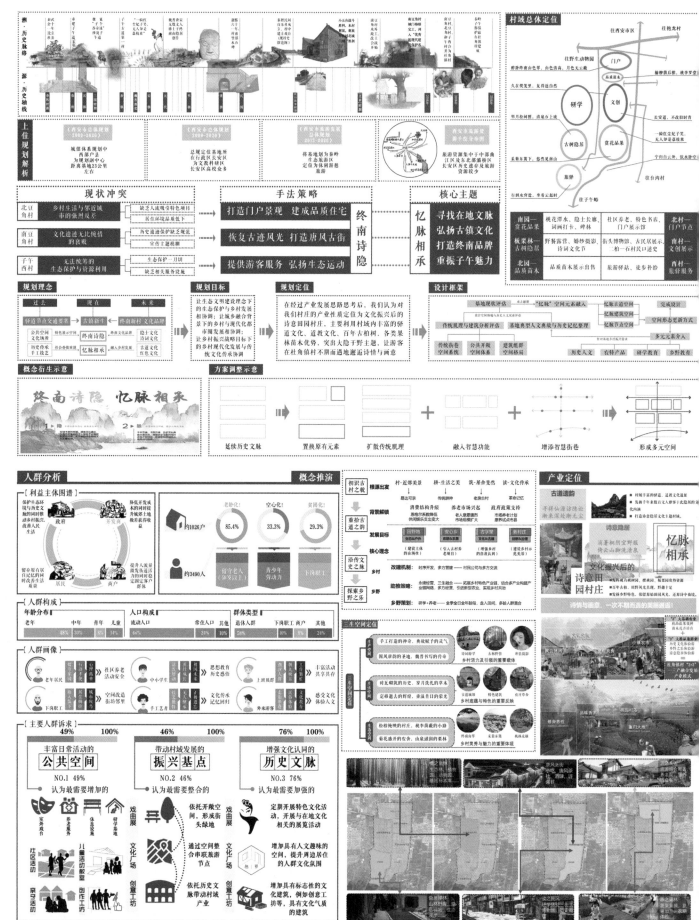

用 地 规 划

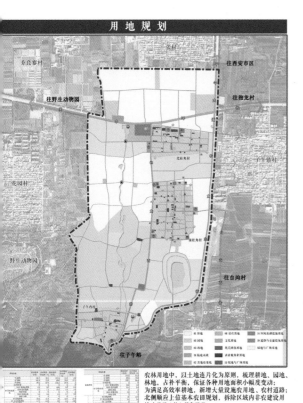

农林用地中，以土地连片化为原则，梳理耕地、园地、林地，占补平衡，保证各种用地面积小幅度变动；为满足高效率耕地，新增大量设施农用地、农村道路；北侧顺应上位基本农田规划，拆除区域内非农建设用地上的建（构）筑物和设施。
建设用地中，为满足旅游发展需求，经过合理的人口预计与指标测算，增加公共设施用地、公用设施用地、绿地与广场用地。

旅 游 路 线 规 划

古道文化体验环
街头博物馆、古民居展示、文化节
唐风汉服体验环
古板栗林野营、古风写真

隐居文化体验环
特色书店、门户展示、隐士长廊
田野研学体验环
桃花潭水、地质研学、植物标本

旅 游 节 点 规 划

村城慢行环线
结合产业规划与各村组资源禀赋，设置绿地广场节点、历史文化节点、旅游服务节点。北村紧邻城市，着重打造旅游服务节点；南村历史资源悠久，主打历史文化节点；西村风貌优良，主打绿地广场节点。

综 合 交 通 设 施 规 划

完整构建主要道路、次要道路、宅间道路、田间路四级道路体系；
充分满足村城全域农业生产和旅游游憩需求；在村湾主要入口处加建社会停车场，满足居民和游客停车需求

基 础 设 施 和 公 共 服 务 设 施 规 划

北村：围绕文创展示馆打造社区综合服务中心和文化商业街

南村：重点打造村庄中轴线文化场所并提升村庄边界环境整治

西村：围绕文化健身广场打造社区综合服务中心并吸引旅游人群

生 态 保 护 修 复 和 综 合 整 治 规 划

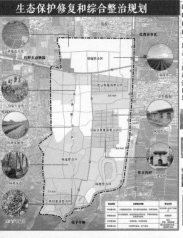

以国土空间问题治理、生态环境恢复与景观提升为主导，通过对区域范围内的主要山体、水域、农田、种植园和居民点进行综合治理，构建"山青、水秀、田美、村美、景丽"的村城空间发展格局。

耕 地 和 永 久 基 本 农 田 保 护 规 划

严守基本农田线
落实上级下达55.88 hm²的基本农田保护任务，拆除区域内的非农建设用地上的建（构）筑物和设施。

耕地与产业相结合
围绕粮食安全、生态安全和社会稳定的目标，发展特色农业、生态农业和观光农业。

规模化、机械化生产
进行紧凑布局，实现农田水利化。保证农业生产机械化的基础上对内部交通体系进行布局。

耕地连片化
努力提高耕地质量，结合高标准基本农田建设，进行土地平整工程，将耕地中零散的园地调整为耕地。

耕地占补平衡
依照"以水定减，以减定增"原则，在秦岭生态保护与耕地保有量平衡的基础上，实现耕地、林地、建设用地面积的置换。

村 庄 居 民 点 与 房 屋 规 划

居民点规划建设用地范围总计70.43 hm²，其中子午西村18.51 hm²，南豆角村32.41 hm²，北豆角村19.51 hm²，规划按照人均140 m²布置村庄居民点。规划期限内不扩建设用地。

防 灾 避 难 规 划

防灾避难设施：新建子午消防总站，改设消防站点，新增灭火栓。

防灾避难通道：新增消防疏散通道，设置防灾公园。

卫生设施：在子午西村、南豆角村新增村卫生室，做到救援设置布局均衡优化。

历 史 保 护 规 划

整合历史遗迹，串联旅游路线，力求以点带面，促进全域发展。

给 水 工 程 规 划

采取分片给水的方式：规划分3-4级管网（DN200-DN50），采用环状管网布局，加密管网。

排 水 工 程 规 划

污水工程规划：
采取分片排水的方式；规划分3级管网，采用树状管网布局。

雨水工程规划：
雨污分流，雨水经处理排入周边河道。

环 境 保 护 与 环 境 卫 生 规 划

环境保护分区：
划分为两级，一级分区强调保护历史文化和自然生态环境；二级分区要求维护人居环境。

华中科技大学　终南诗隐，忆脉相承

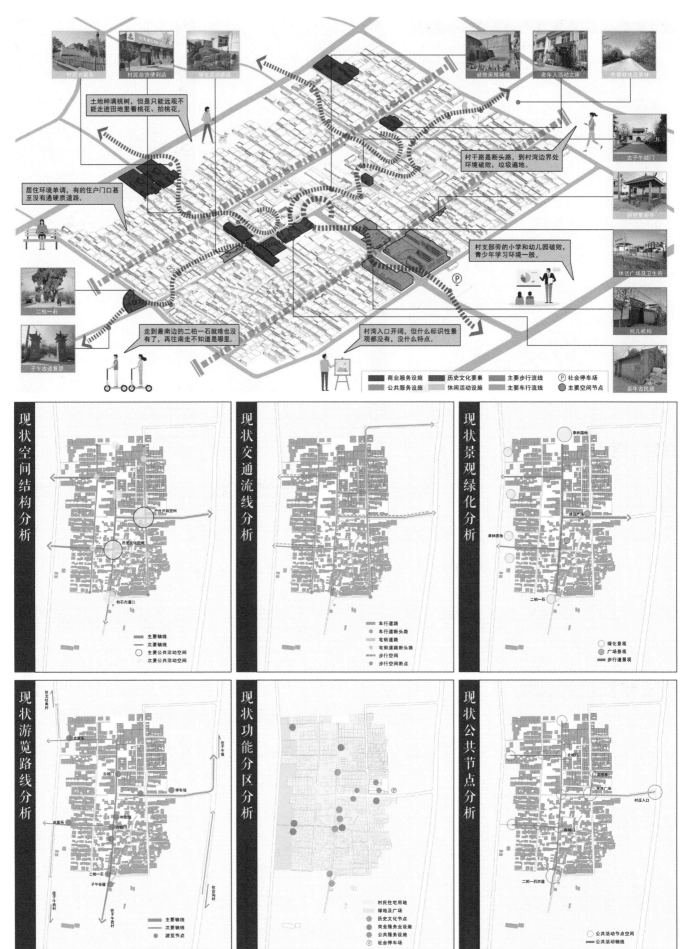

土地种满桃树，但是只能远观不能走进田地里看桃花、拍桃花。

居住环境单调，有的住户门口甚至没有通硬质道路。

村干路是断头路，到村湾边界处环境破败，垃圾遍地。

村支部旁的小学和幼儿园破败，青少年学习环境一般。

走到最南边的二柏一石就啥也没有了，再往南走不知道是哪里。

村湾入口开阔，但什么标识性景观都没有，没什么特点。

现状空间结构分析

现状交通流线分析

现状景观绿化分析

现状游览路线分析

现状功能分区分析

现状公共节点分析

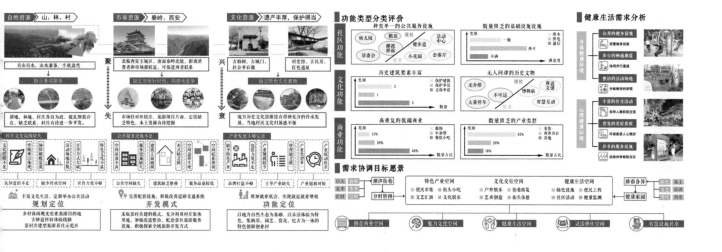

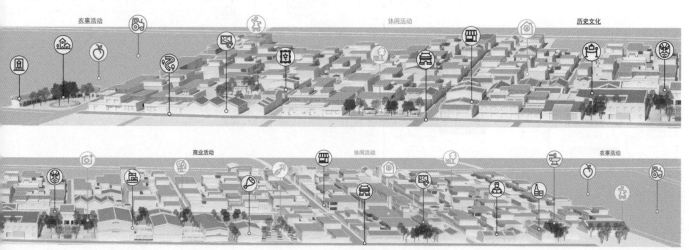

华中科技大学 终南诗隐，忆脉相承

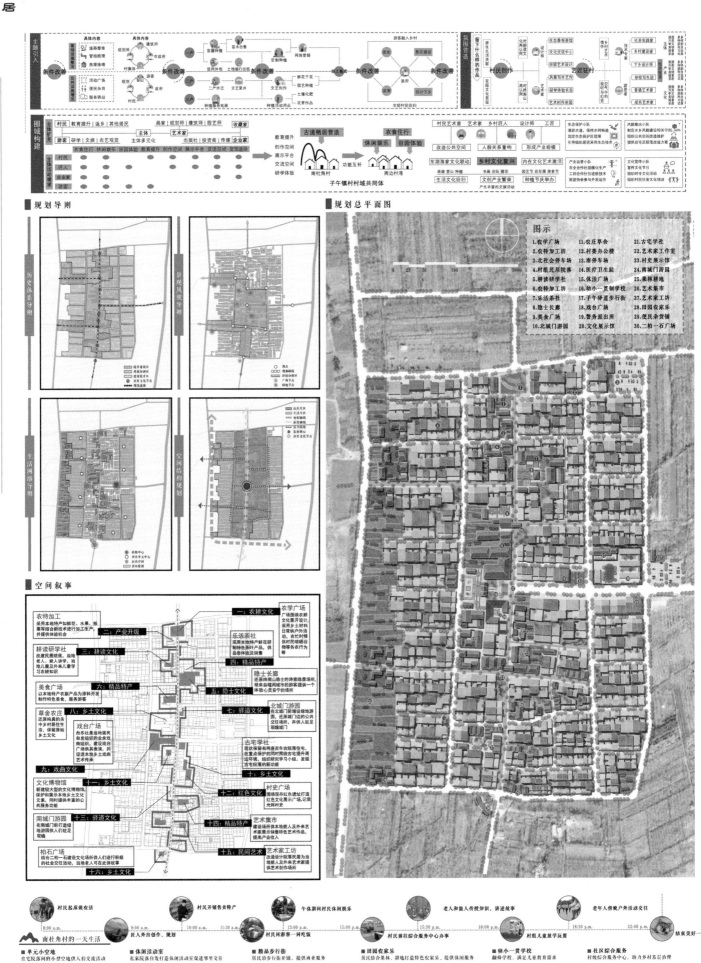

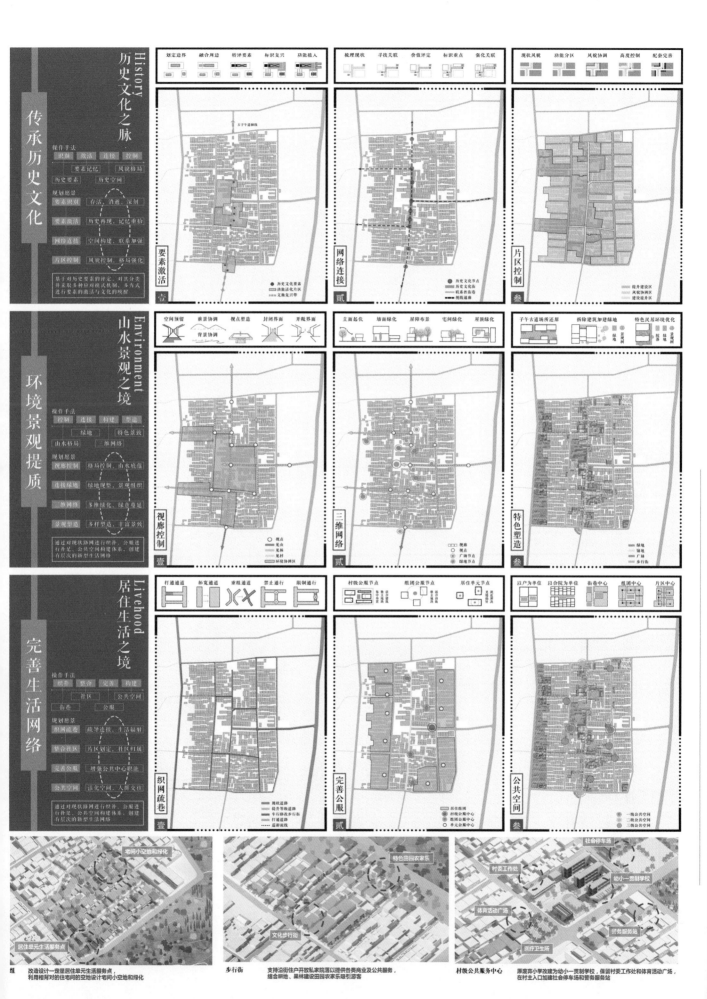

华中科技大学　终南诗隐·忆脉相承

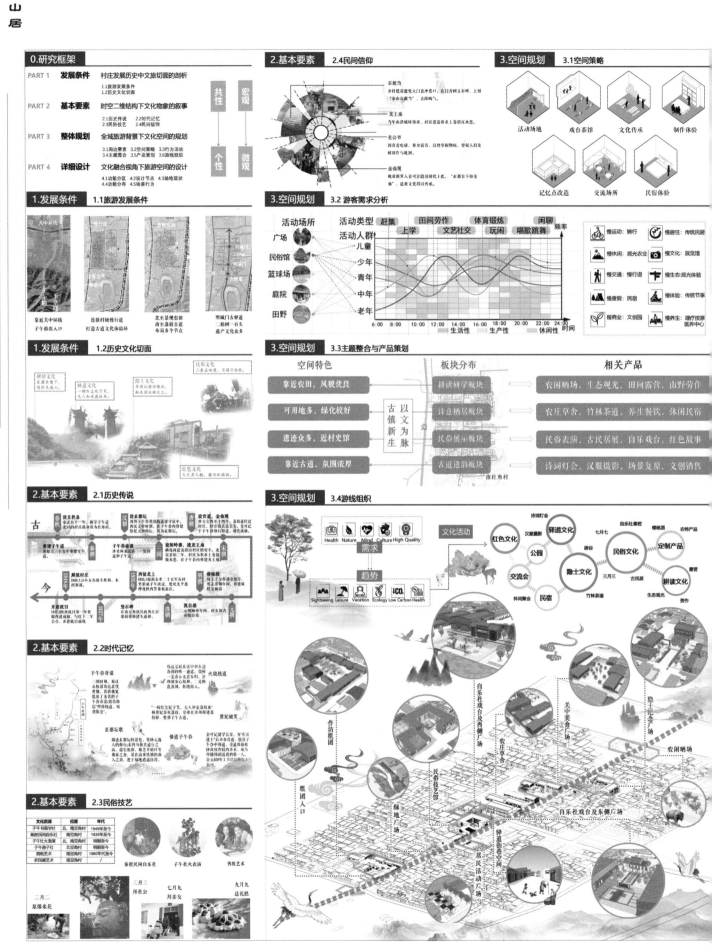

0.研究框架

PART 1　发展条件　村庄发展历史中文旅切面的剖析
1.1旅游发展条件
1.2历史文化切面

PART 2　基本要素　时空二维结构下文化物象的叙事
2.1历史传说　2.2时代记忆
2.3民俗技艺　2.4民间信仰

PART 3　整体规划　全域旅游背景下文化空间的规划
3.1周边要素　3.2空间策略　3.3行为活动
3.4主题整合　3.5产品策划　3.6游线组织

PART 4　详细设计　文化融合视角下游游空间的设计
4.1功能分区　4.2设计节点　4.3场地现状
4.4功能分布　4.5场景行为

共性—宏观
个性—微观

1.发展条件　1.1旅游发展条件

靠近关中环线　连接村城慢行道　北至景观农田　明城门古驿道
子午都出入口　打造古道文化体验环　南至晶枝谷道　二柏树一石头
　　　　　　　　　　　　　布局多个节点　遗产文化众多

1.发展条件　1.2历史文化切面

耕读文化／隐士文化／民俗文化／红色文化

2.基本要素　2.1历史传说

古　设立杜县　设玄都坛　设官道，金仙观
　　章帝子午道　子午谷奇谋　设建钟寨，建王庙
　　　　　　　西汉北上　　参城城
今　开凿秦岭　竖石碑　筑公墓
　　　　　　　　　↓

2.基本要素　2.2时代记忆

子午谷奇谋　火烧栈道
贵妃醉酒
玄都坛歌　修建子午道

2.基本要素　2.3民俗技艺

文化资源	位置	年代
子午街前村社	北、南豆角村	1949年至今
秦腔民间乐社	南豆角村	1935年至今
子午社	北豆角村	明朝至今
子午牡丹	北豆角村	——
剪纸艺术	南豆角村	1960年代至今
农民画艺术	南豆角村	——

秦腔民间自乐社　子午牡丹表演　剪纸艺术

二月二　三月三　七月九　九月九
泉爆米花　拜社公　拜亲友　送花糕

2.基本要素　2.4民间信仰

石敢当／龙王庙／社公神／金仙观

3.空间规划　3.1空间策略

活动场地　戏台茶馆　文化传承　制作体验
记忆点改造　交流场所　民宿体验

3.空间规划　3.2游客需求分析

活动场所：广场、民俗馆、篮球场、庭院、田野
活动人群：儿童、少年、青年、中年、老年
活动类型：赶集、上学、文艺社交、田间劳作、玩闹、体育锻炼、唱歌跳舞、闲聊　频率

生活性　生产性　休闲性

慢运动：骑行　慢居住：传统民居
慢休闲：观光农业　慢文化：展览馆
慢交通：骑行道　慢生态：观光体验
慢度假：民宿　慢体验：传统节日
慢商业：文创园　慢养生：理疗按摩医养为

3.空间规划　3.3主题整合与产品策划

空间特色	板块分布	相关产品
靠近农田，风貌优良	耕读研学板块	农闲晒场、生态观光、田间露营、山野劳作
可用地多，绿化较好	诗意栖居板块	农庄草舍、竹林茶道、养生餐饮、休闲民宿
遗迹众多，近村史馆	民俗展板板块	民俗表演、古民居展、自乐戏台、红色故事
靠近古道，氛围浓厚	古道遗韵板块	诗词灯会、汉服摄影、场景复原、文创销售

古镇新生　以文为脉

3.空间规划　3.4游线组织

Health　Nature　Mind　Culture　High Quality
需求　趋势
Sightseeing　Leisure　Vacation　Ecology　Low Carbon　Health

文化活动
红色文化　驿道文化　民俗文化　隐士文化　耕读文化
诗词灯会　汉服摄影　公园　交流会　休闲聚会　民宿　竹林茶道　古民居　三月三　胖谷　七月七　樱桃酒　农特产　定制产品　露营　生态观光　劳作

作坊组团　自乐社戏台及西侧广场　关中美食广场　隐士记念广场
组团入口　农庄草舍　农闲晒场
绿地广场　民俗技艺馆　自乐社戏台及东侧广场
居民活动广场　驿道街巷空间

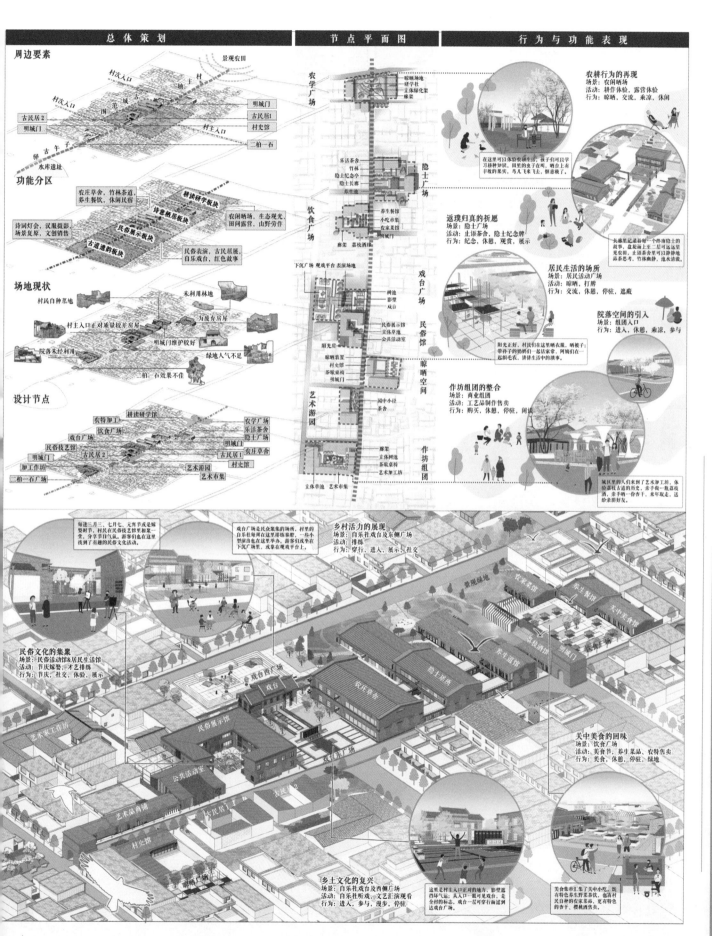

华中科技大学　终南诗隐·忆脉相承

设计背景

社会背景
老龄化与智能化的双重趋势

行业背景
城市增量时代到城市存量时代的转变

借助"游学食赏"四大公共空间体系

民宿养老开发模式

宅院养老开发模式

本村老年人群
邻末短养人群
游学体验终端

根据不同类型老人定制村内活动路线

村内老年人群体特征需求调研

老年人群特征解读

老年人生理特征

老年人心理特征

老年人行为活动的空间集聚性特征

感知系统弱化 · 思维系统弱化 · 肌肉骨骼弱化

安全感 · 家庭感 · 私密感 · 归属感 · 邻里感

建筑改造手法

普通村民自建房 · 普通村民自建房 · 商业裙房 · 底层裙房 · 商业裙房

传统木结构 + 智慧云系统 + 底层架空 + 立面及屋顶改造 + 大数据智能投影

自然亲和建筑 · 安全居住环境 · 共享公共空间 · 自然和谐环境 · 社区信息播报

共享锻炼灾幕 · 街头可食地景 · 智慧书报亭 · 智慧休息设施 · 身体监测系统 · 智慧社交系统 · 智能物品配送系统 · 智能垃圾处理系统

建筑微改造手法

总体鸟瞰图

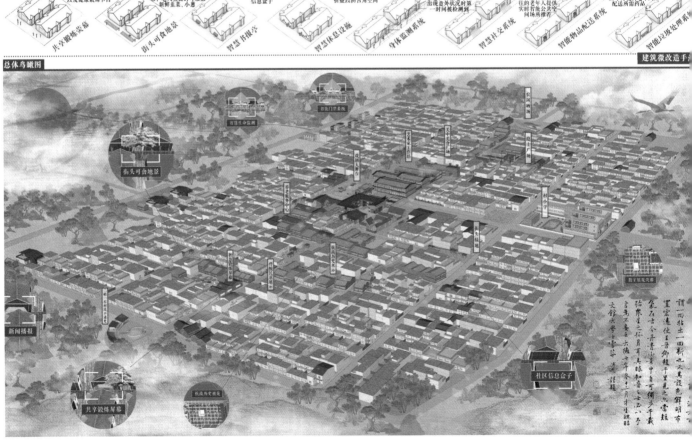

街头可食地景 · 新闻播报 · 共享锻炼屏幕 · 视成历史视觉 · 社区信息盒子 · 智能门禁系统 · 农田晒场

风貌控制引导

建筑形式:以"坡屋顶、院坝+二层建筑"为主要建筑形式,结合村民建房意愿和宅基地大小进行确定。

建筑材质:重点控制"屋面+墙面"材料使用,以现代建材使用为主,鼓励乡土材质使用,体现出"红砖瓦木墙面"的风貌。

建筑色彩:建议以"灰、红"色调为主,以"木、白"色调为辅。

色彩选取

材料运用

瓦片　　　瓦片　　　色彩砖　　　透气砖

改建农房位置及效果

在全村位置

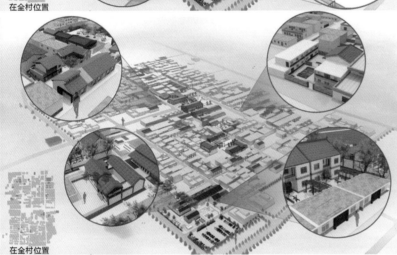

在全村位置

建筑修缮示意图

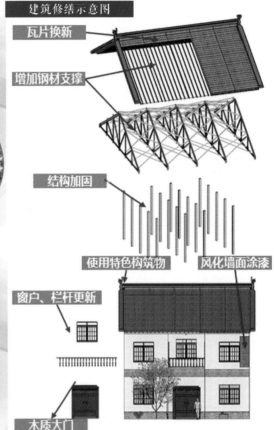

瓦片换新

增加钢材支撑

结构加固

使用特色构筑物　　风化墙面涂漆

窗户、栏杆更新

木质大门

节点双视角效果图

节点总平面图

节点位置

总平面图

(1)典型改造二合院农房

(2)典型改造二进式农房

(3)规划居民活动中心

(4)社会停车场

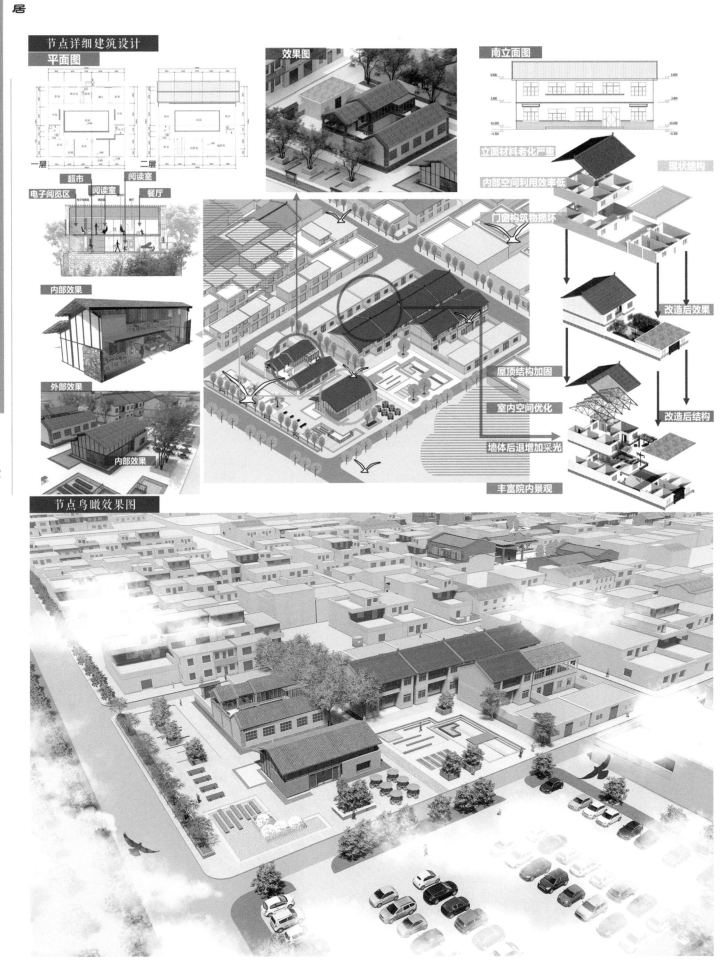

节点详细建筑设计

平面图

一层　二层

超市　阅读室
电子阅览区　阅读室　阅读室　餐厅

内部效果

外部效果

内部效果

效果图

南立面图

立面材料老化严重

内部空间利用效率低

门窗构筑物损坏

现状结构

改造后效果

屋顶结构加固

室内空间优化

改造后结构

墙体后退增加采光

丰富院内景观

节点鸟瞰效果图

城乡规划学
张莞涵

　　从武汉到西安再到青岛，从满心憧憬到如愿以偿，三个月的毕业设计时间转瞬即逝，紧张忙碌的设计进度是一开始不曾料想的，但是每天踩着星光从学院回到宿舍的路上是疲惫而踏实的，每一张图，每一页 PPT，甚至每一页的说明书都是这段时光最好的纪念。
　　非常荣幸本科的学业由这样一个极具含金量的毕业设计作为句号，感激洪亮平老师，感激队友许梧桐、王宇涵、高阳，感激自己，未来可期！

城乡规划学
许梧桐

　　党的十九大报告指出：中国要强，农业必须强；中国要美，农村必须美；中国要富，农民必须富。实施乡村振兴战略，农业农村农民问题是关系国计民生的根本性问题，必须始终把解决好"三农"问题作为全党工作的重中之重。
　　没有农业农村现代化，就没有整个国家现代化。农业是国民经济的基础，关系到全社会的稳定运行和民众的"衣食"问题。在改革开放四十多年后的今天，我们要坚持农业优先发展的总方针，坚定不移地实施"产业兴旺、生态宜居、乡风文明、治理有效、生活富裕"的总要求，坚持农业现代化和农村现代化一体设计和一并推进，实现从农业大国向农业强国的跨越。

城乡规划学
王宇涵

　　生态文明建设是关系中华民族永续发展的根本大计。保护好秦岭生态环境，推动当地乡村振兴，对确保中华民族长盛不衰、实现"两个一百年"奋斗目标、实现可持续发展具有十分重大而深远的意义。
　　在这次的毕业设计工作中，我既愈发深刻地认识到村庄规划是一项复杂的系统工程学，绝不是简单地嘴上说说、墙上挂挂那么简单，也在自己的设计工作中找到了作为规划学子的自豪感和认同感，我们在学校做的方案有时候太过理想化，甚至有时脱离了日常需求、跳脱了政策框架的束缚，但是在这次身体力行的规划中能够真切地将设计建立在村民的实际需求之上，是一次很棒的体验。

城乡规划学
高　阳

　　在四校乡村毕业设计学习过程中，我们深刻认识到乡村建设的目的是实现乡村振兴，应当按照产业兴旺、生态宜居、乡风文明、治理有效、生活富裕的总要求，设计方案应该有利于推进农村经济建设、政治建设、文化建设、社会建设、生态文明建设，并且在保护敏感的秦岭生态环境的同时，传承和发扬中华民族传统乡土文化。
　　感谢学院，让我深入参与四校联合毕业设计，知晓城乡规划中"乡村"这一有别于城市的地理空间单元，丰富了我对于城乡规划知识体系的构建。希望这次乡村毕业设计作为本科阶段的结语，也能成为我们更长远的工作的一个完美开端。

终南风土，社稷生民

昆明理工大学　Kunming University of Science and Technology

参与学生： 杨代乾　曹　磊　王蕴伟　马伊琳　周晟翼

指导教师： 杨　毅　赵　蕾　李昱午

教师释题：

　　任何一种发展都处在限制和制约中，只不过表现形式不一，程度深浅各异。时至今日的终南山居亦复如此。在本规划与设计中，因为杜角镇村位于秦岭生态保护区，同时临近西安中心城区，有较好的发展条件却也特别需要注意生态保护要求，这关乎国家生态文明战略。这些较好的发展条件包括秦岭生态文旅带，临近文化产业走廊，拥有生态文旅产业发展的极大优势。位于以子午大道为依托的长安区旅游主轴和长安秦岭北麓生态旅游发展带，生态文旅产业具有有力的支撑。同时临近一主一副两条发展轴线，对于村庄发展具有较好的带动作用。从历史上看，杜角镇村自春秋时期就已经出现，至今天的千年之间历经变迁，拥有十分悠久的历史底蕴，也有许多独特鲜明的时代印记。无疑悠久的历史赋予其较浓的历史气息与天然的文旅发展优势。

　　然而，现实情况却是简单零散、联系薄弱、缺乏体系的生计与产业；外部优越、村内匮乏、难居失游的景观与环境；缺失精神场所、文化休闲等的社会与人群；加之土地指标的严重制约、历史文脉的割裂与活力缺失，形成一个核心诉求：在秦岭生态保护的前提下，构筑宜居宜游、产业兴旺、文脉传承、景观优美、功能完善的新型村庄。而下一层次的需要直面的问题就是生态文明建设理念下生态保护与乡村发展如何协调？乡村如何融入都市圈，支撑国际化大都市的发展战略？乡村振兴战略目标下乡村现代化发展与传统文化传承如何协调？

　　人居环境的三个学科融合的研究探索，从规划、建筑、风景园林的专业层面提出了解决之道。乡村建设过程中对秦岭冲积扇区的地质水文的回应、兴建建筑模式与特殊的地理空间环境的协调、乡村文化血脉续写与乡村本土语汇的运用、传统建筑风貌与乡村集体记忆空间的布置、公共空间补足与绿色建筑构筑手法的融合、生态循环体系与建筑热环境改善、空间的多样性与空间复合型的加强、流动功能的适应与适老化设计、结合产业布局的传统建构手法的运用，以及乡村场所空间的构建等。

　　凡此种种，构成了本村"终南风土，社稷生民"的主题。

宏观背景解读

■ 乡村振兴推进历程

| 2002年 | 2007年 | 2013年 | 2015年 | 2018年 |

十六大报告提出"城乡统筹发展""全面建设小康社会"

十七大报告提出"推进社会主义新农村建设""形成城乡经济社会发展一体化新格局"

农业部提出全国"美丽乡村"建设活动

中央一号文件提出"推进农村一二三产业融合发展"

中央一号文件提出关于实施乡村振兴战略的意见

| 2005年 | 2012年 | 2017年 | 2021年 |

2005年 十六届五中全会提出"社会主义新农村建设""生产发展,生活富裕、乡风文明,村容整洁、管理民主"二十字方针

2012年 十八大报告提出推进"城乡一体化"加大统筹力度,"工业反哺农业,城市支持农村""生态文明建设"

2017年 国家一号文件提出"深化供给侧改革"十九大提出"乡村振兴战略"

2021年 国家发布《中共中央国务院关于全面推进乡村振兴加快农业农村现代化的意见》

■ 乡村振兴战略具体要求

产业兴旺	生态宜居	乡风文明	治理有效	生活富裕
紧紧围绕建立产业发展与市场体系和发展的资本、技术、人才等多要素向农业农村优化配置,调动广大农民积极性,促进广大农村社会第一三产业融合发展,保持农业农村经济发展旺盛活力。	加强农村资源环境保护,推进美丽乡村建设,为群众营造宜居宜业的环境,共建共享人居环境,保护好绿水青山和自然清净的田园风光。	促进农村文化教育医疗卫生等事业发展,推进移风易俗,文明乡风、弘扬核心价值观,使群众不断提升道德水平,培育文明乡风,保护好乡村传统建筑,使乡村文明程度进一步提高。	加强和创新农村社会治理,加强基层基础工作,让农民群众在生产和生活中更加幸福,安定有序、充满活力,实现自治、法治、德治相结合的乡村治理体系。	让农民有持续稳定的收入来源,经济发展、衣食无忧,生活便利、共同富裕。

■ 全面实施乡村振兴

- 加快发展乡村产业
- 加强社会主义精神文明建设
- 加强农村生态文明建设
- 深化农村改革
- 实施乡村建设行动
- 推动城乡融合发展见实效
- 加强和改进乡村治理

区位分析

■ 交通区位

■ 经济区位

基地位于长安区市国边缘,交通条件便利,靠近西安市城区。对于生态文旅有较好的支撑条件。

历史文化

■ 历史沿革

秦汉 唐 宋 元 明

■ 文化资源

节庆活动	民间技艺	传统美食
重阳节庙会 九月初九 **元宵节灯会** 正月十五 **金仙观庙会** 二月二十五日:七月二十五日;每月初一和十五 **小五台山庙会** 六月十七和十九 **杜公祠庙会** 三月三日:七月七	板栗花演制火锅 客家户户都挂灯笼 用玉米面、精白粉制作的特色小吃,据说很好做出来,做出来都很好吃,制作经济便捷,吃法多样 陕西窑皮子每小麦面粉,加开水搅成块,也有麦面擀成片,一层层叠上,种类多,做法多样,口味多。 扎子子、扎子之类,做法各异,甜辣滋味各有千秋,种类繁多,味道美好。	用玉米面、精白粉制作的特色小吃

村域产业现状

北豆角村
北豆角村现状产业较为杂乱,零售业、餐饮业、采摘体验系统,各自为政,需要统一整合。

采摘	北豆角村餐饮		
理发店	老燃料商店		饭店

南豆角村
南豆角村现状开发程度欠发达,主要为农家乐与零散商业,核心资源没利用起来,产业就是经营方式单一。

零售 南豆角村托管		农家乐	
农家乐	托管中心		零散商店

子午西村
子午西村人口较少,产业同质化严重,基本依靠子午岭开展农家乐、民宿等活动,产业发展程度不高且不健康。

山庄 子午西村餐饮		民宿	
农家乐	综合民宿		山庄

村民收入统计表

传统农业	农家旅游	外出务工	采摘园	其他
21.88%	0%	75%	3.13%	25%

杜角镇村绝大部分村民主要收入来源为外出务工,本村产业难以为村民带来足够收入。

人群活动与需求

■ 人群活动

—— 老年人 —— 青壮年 —— 儿童

中老年人与儿童多集中于白天,同时与游客存在相同的使用需求,因此应注意白天的使用设施设置。

老年人 老年人时间较多,活动也多为白天,以休闲娱乐类为主要活动。

青壮年 青壮年大多外出务工,活动多为晚归后与村民进行交流,文化沟通。

儿童 儿童活动时间与中老年人近似,除却幼儿园儿童,其余多需通过大人陪同活动。

游客 游客活动时间多集中于中午午间,进行游玩活动,完成活动后离开景区。

■ 人群需求

外来游客 本地居民

核心诉求:住 食 娱 情

基于调查问卷反馈,村内居民主要的社交手段为各类娱乐集体活动,对于文化活动与公共活动空间绿化景观需求较为强烈。村内白天大部分为青年人,晚上随着工作结束青壮年下班归家,人群社交需求增大。对比游客人群核心诉求可共同总结为:住食娱情四个方面,在后续规划设计中应该着重注意。

| 村民居住不满意方面调查表 | 村民自发进行休闲活动统计表 |

地理位置

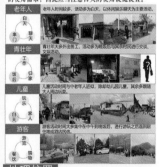

杜角镇村信于泰岭生态保护区之内,处于一般生态保护区,应当遵守泰岭生态保护条例,包括最高60m以及严格的餐饮业排放标准,需要注意建设项目与生态保护的协调。

现状分析

■ 用地统计表

国土空间用地现状统计表

一级类	二级类	三级类	面积m²	比重
农林用地		林地	85850	2.8%
		园地	975506	32.2%
		耕地	1268560	41.9%
	农业设施建设用地		33462	1.1%
	合计		2362978	78.0%
建设用地	区域基础设施用地		64200	2.1%
	城镇建设用地		42016	1.4%
	村庄建设用地	村庄住宅用地	433210	14.3%
		村庄公园用地	9674	0.3%
		特殊用地	113609	3.7%
		村庄公用设施用地	961	0.0%
		村庄道路交通用地	0	0.0%
		村庄广场用地	3310	0.1%
		村庄其他建设用地	0	0.0%
		村庄留白用地	0	0.0%
	合计		666980	22.0%
合计			3029958	100.0%

备注:村域土地中有664795m²属于被征收用地,有永久基本农田378487m²。

农林用地占据大部分村庄用地面积,建设用地大约占据五分之一村庄面积。

■ 用地统计表

土地权属面积统计表(单位:hm²)

村集体所有(分给农户地)	84.5
村集体所有(自留地)	12.4
村集体所有(村集体用地)	15.9
古板栗树保护区	32
国有土地	5.2
征收地(泰岭征收)	63.4
征收地(企业征收)	3.1

杜角镇村范围内有村集体用地约113 hm²,其中属于集体用地约占七分之一,可供后续规划使用,余下属于农户用地约有四分之三,可考虑酌情与村民商议使用。在杜角镇村的现状土地利用分析中可得知,村庄原属地超过一半农用地被征收,目前农用地面积较少,不能支持大规模集约化农业发展,农业发展需要新出路。

■ 村域保护控制管控措施

区线管控措施

秦岭生态保护区	禁止在红线内进行任何建设活动。
	在建设控制区内,不破坏生态功能的前提下,依照相关法律法规,允许适度开发利用。
永久基本农田区	从严管控非农建设占基本农田,鼓励开展高标准农田建设。
古板栗树保护区	禁止在保护范围之内进行影响古树生长的建设行为。
村庄建设边界	新增宅基地应当依法报审批机关准,并在村庄建设范围内进行建设。
永久基本农田保护红线	任何单位不得буд用途或改变永久基本农田。
生态保护红线	禁止在生态保护红线进行任何建设活动。

在永久基本农田保护区、古板栗树保护区、秦岭生态保护红线范围之内应该严格管控。

■ 村域土地利用现状图

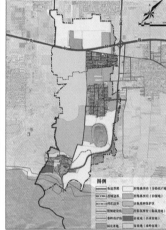

■ 村域土地权属图

■ 村域保护控制线

子午街道村庄对比分析

	村庄特色	村庄产业	其他
稻光村	杏园、抱龙峪	农家乐、小杂果、小花卉	"美丽宜居"示范村
东台豌村	蓝莓园、蝴蝶兰	农家乐、民宿	美丽乡村示范村
首塔寺村	百塔寺、佛教	第一产业	美丽乡村示范村、美丽庭院示范村
青村	唐渚渠	葡萄	花园乡村示范村
东三村	水围城、李家社火	农家乐、粮食种植	葡萄乡村示范村
逯午村	暂无	葡萄	清洁乡村
张村	木器加工	制造业	美丽乡村示范村
酒店村	戏楼、采摘	葡萄	戏曲文化

106

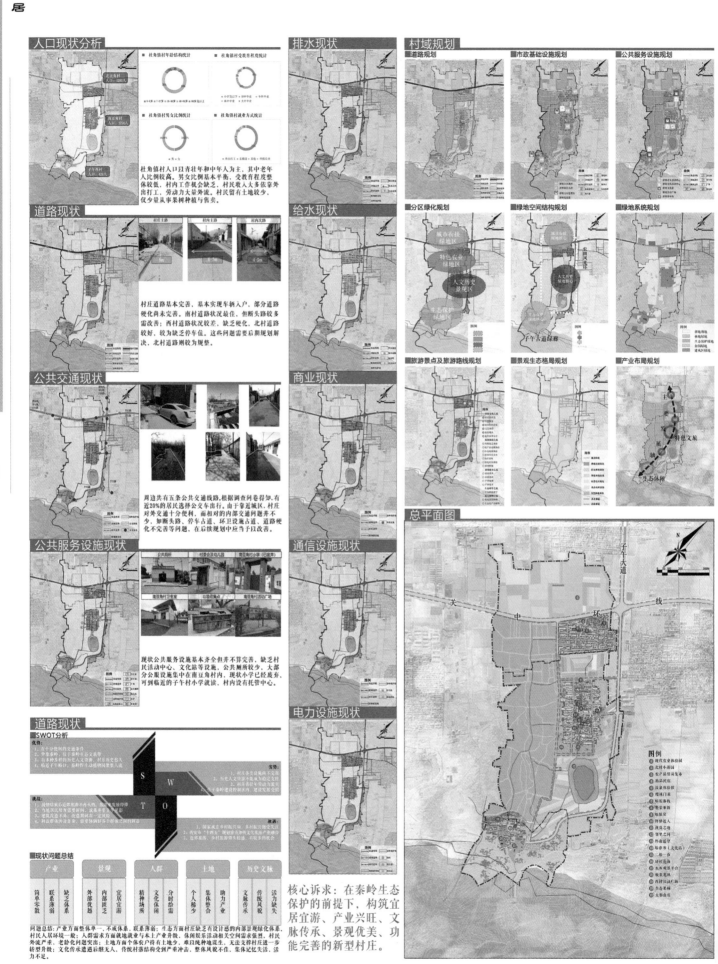

核心诉求：在秦岭生态保护的前提下，构筑宜居宜游、产业兴旺、文脉传承、景观优美、功能完善的新型村庄。

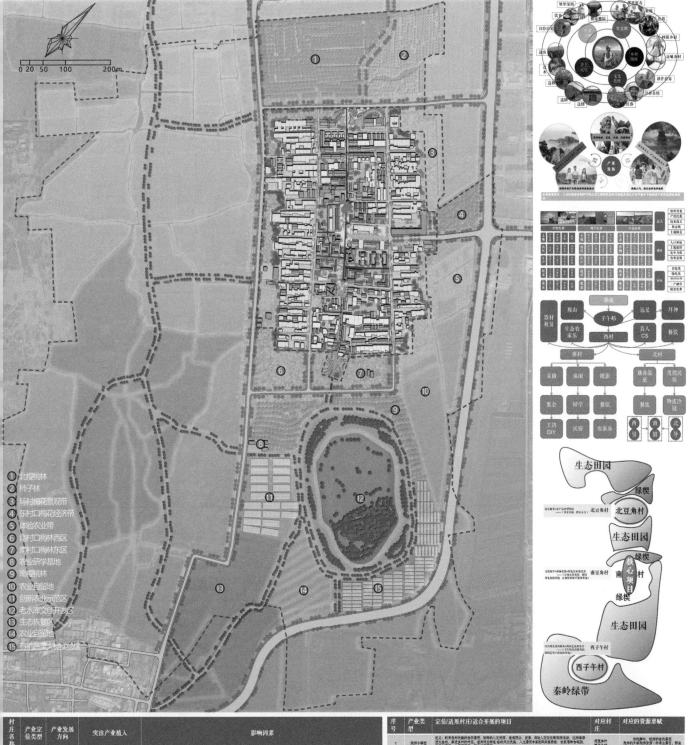

① 北婴桃林
② 柿子林
③ 环村梅花景观带
④ 东村口梅花经济带
⑤ 体验农业带
⑥ 南村口梅林西区
⑦ 南村口梅林东区
⑧ 农业研学基地
⑨ 南婴桃林
⑩ 农业自留地
⑪ 创新农业示范区
⑫ 老水库文创开发区
⑬ 生态恢复区
⑭ 农业自留地
⑮ 看山望水·大地美术馆

0 20 50 100 200m.

昆明理工大学 终南风土·社稷生民

资源优势 + 产业开发 + 环境带动 = "文旅+特色农业" 为主导的复合型产业发展模式

南豆角村最终的产业发展定位为——"文旅+生态农业"为主导的复合型产业发展模式

村庄名称	产业定位类型	产业发展方向	突出产业植入	影响因素
南豆角村	文旅服务	文化体验型 特色农业观光体验型 果蔬采摘型 休闲度假型	传统工艺工坊 田园景观带 摘园 田园风光体验基地 特色农家乐民宿 康养院 古城风貌休闲街 农业生态园 子午耕文化园	村庄历史文化悠久,是众多古代、近现代事件的见证地,部分村民仍然保留着清晰的历史记忆和传统工艺工艺记忆,田园风貌良佳,有桃林、梅林、果林资源,有农家乐经营基础,有古城门楼遗址,有古城规痕,村民性格较为外向,农耕与经营发展意愿较为强烈,陕西特色餐饮手艺兴盛。
北豆角村	康养服务养老服务型 农产品物流仓储服务型	中老年康养服务中心 农产品冷库 葡萄园采摘 土法葡萄酒加工	温泉民宿 温泉康养休闲中心 农产品冷库 葡萄园采摘	坐拥温泉、葡萄园资源,有一定可建设地面积,临近城市主干道、城区,周边村镇农产品产量高且缺乏冷链建设。
西子午村	文旅配套	自然观光休闲服务型 田园艺术工坊体验型	子午峪观光服务 艺术文创园 餐饮服务街	坐拥子午峪口,自然景观资源丰富,山水格局佳,艺术创作对象丰富,陕西本地艺创人才多,旅游转型对接文化创新,目前缺乏旅游服务。

① 樱村门庭
② 移居补偿房
③ 游园
④ 峪游客栈
⑤ 繁荣重现
⑥ 幼儿园
⑦ 峪道房
⑧ 运动场地
⑨ 迎宾景观道
⑩ 古城风貌商业街
⑪ —
⑫ 坪畴近人
⑬ 创嬉工坊
⑭ 村民活动中心
⑮ 商贸之地
⑯ 村史馆
⑰ 村委会
⑱ 峪维书（文化站）
⑲ 终南盛望
⑳ 游园
㉑ 游园
㉒ 二泊一宿
㉓ 预留建设用地

▼ 车行出入口
▽ 人行出入口

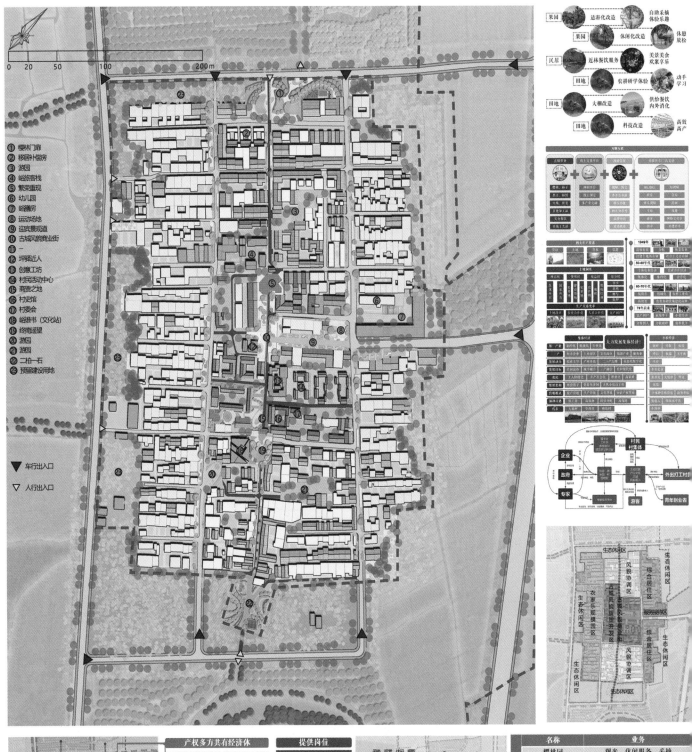

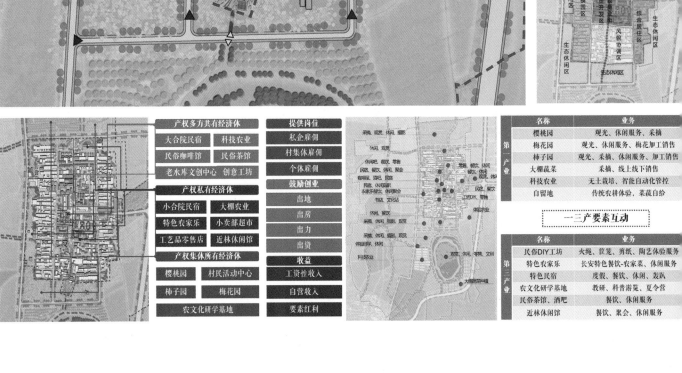

历史空间脉络

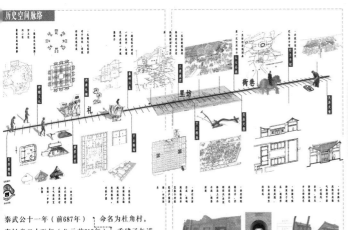

里坊 礼 街巷

秦武公十一年（前687年）命名为杜角村。

秦始皇三十五年（公元前212年）重建子午道。

汉高祖元年（前206年）子午谷焚烧栈道。西汉文帝建玄都坛，以祭祀天神。

唐天宝四年至十四年（745-755年）荔枝道由村内经过，经官道直达长安。

宋神宗熙宁年在子午峪口设阳岭寨，卫边村庄安全。北宋景祐二年建镇水龙王庙。

崇祯九年 闯王高迎祥子午谷激战，最终被俘。崇祯年间修建城楼及城墙。

1935年7月 徐海东率二十五军在村中休整"西征北上"形成子午会决议。

1950年 清民政所改为南豆乡政府，村农会成立。

1958年 子午公社成立公社试验场在杜角镇村建立，实行食堂化。

1983年 体制改革，包产到户开始。

2016年 杜角镇村城楼修缮完工，被列入"优秀近现代建筑保护名录"。

2019年 建成秦岭子午峪保护站。

2021年 古戏今昔谁人唱

整体研究框架

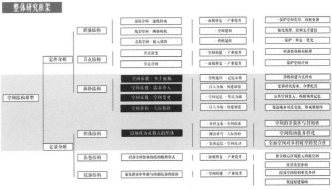

风貌控制导则

民居构造做法

院落空间置换

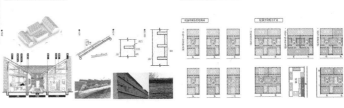

聚落格局分析

平面-点要素	平面-线要素	平面-面要素	空间-要素	外部空间修整策略

·依据现有路径逻辑疏通村落交通结构

·以村内保留城楼、古建、树为空间节点，塑造乡村记忆空间，以点连线，唤醒中抽线的乡土记忆，激活乡村的文化属性

·以村落古城郭为主要力点，塑造古村风貌保护区，保存和恢复必要的风貌，控制整体村落文化区域

·对于失落的横巷纵街的传统街巷的格局，在横巷上增加具体空间节点，增厚街区空间格局以适应日常体验，在纵街方适应街巷规整，梳理外部空间形态

格局处理

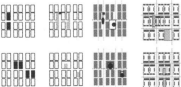

街巷空间调整策略

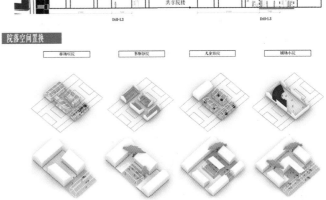

院落空间置换

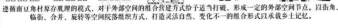

遵循南豆村原有肌理的模式，对于外部空间的组合营建方式给予适当打破，形成一定的外部空间节点。以街角、临街、合并、旋转等空间院落组织方式，打造灵活自然、变化不一的组合形式以承载乡土记忆。

峪膳房——小学校改造

峪旅居——乡村民宿设计

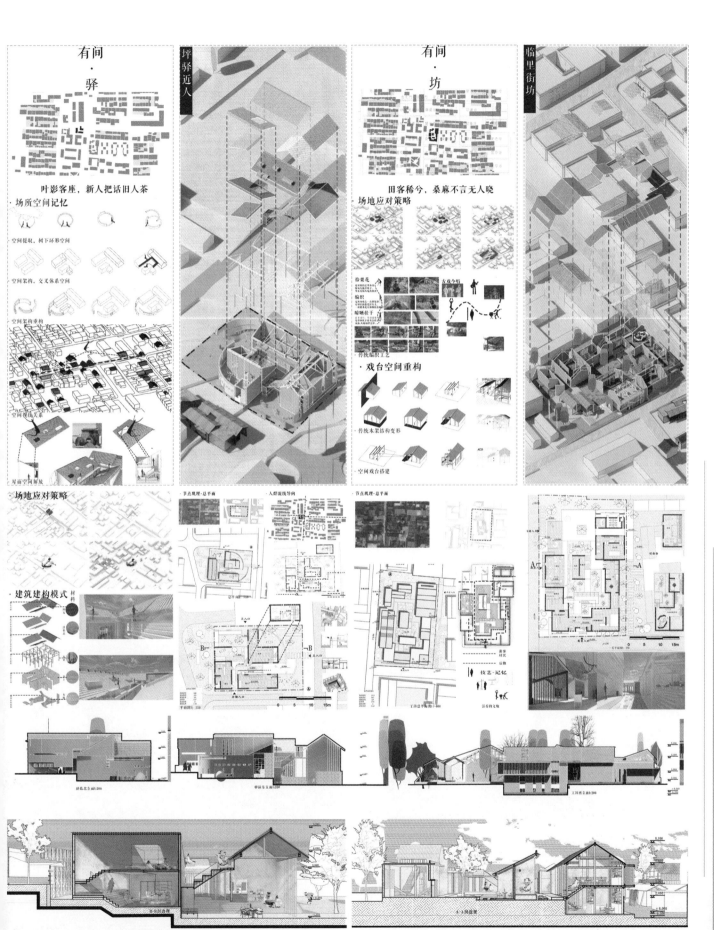

有间·驿

坪驿近人

叶影客座，新人把话旧人茶

·场所空间记忆

空间提取，树下环形空间

空间架构，交叉体系空间

空间架构重构

空间视线关系

屋面空间解展

·场地应对策略

·建筑建构模式

有间·坊

临里街坊

田客稀分，桑麻不言无人晓

·场地应对策略

拾粱花
古戏今唱
偃拟
喷哨挂干
传统编织工艺

·戏台空间重构

传统木架结构变形

·空间戏台搭建

节点肌理-总平面

入群流线导向

节点肌理-总平面

昆明理工大学 终南风土，社稷生民

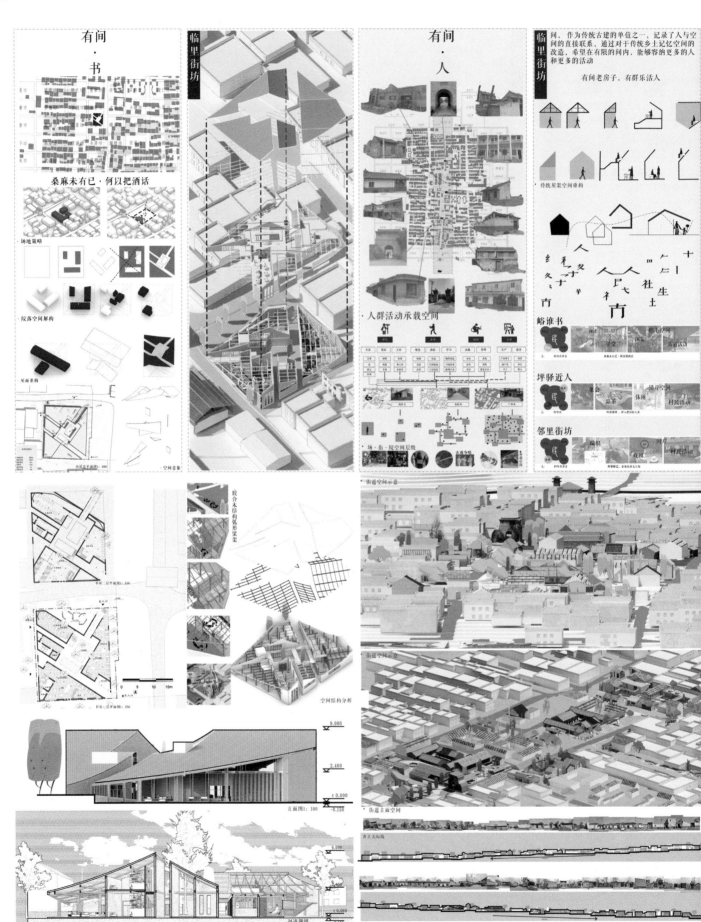

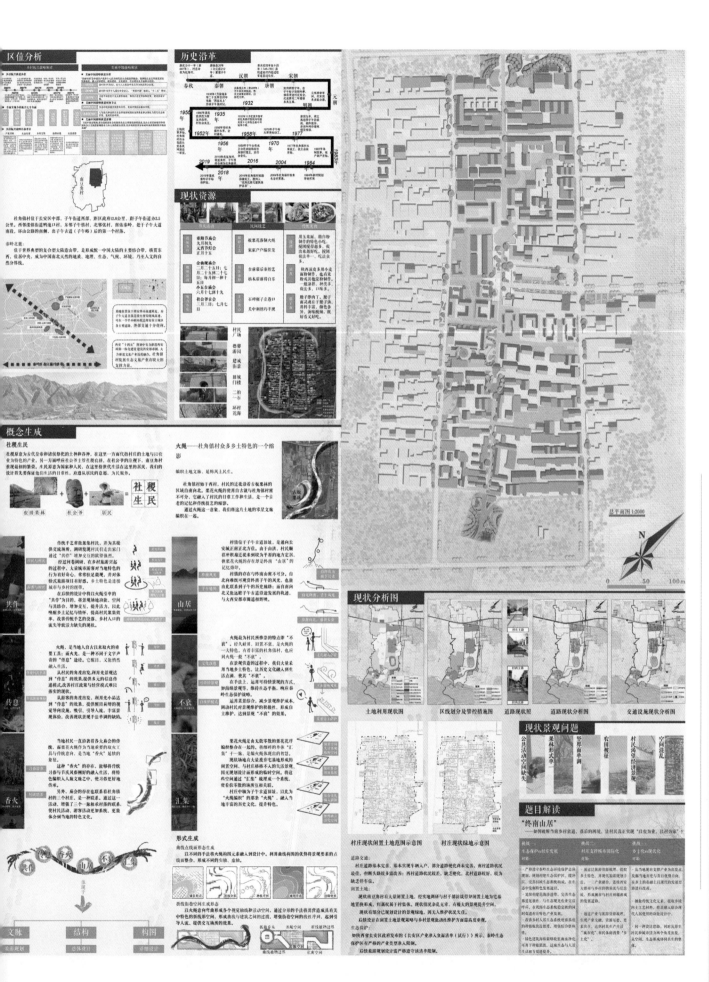

昆明理工大学 终南风土，社稷生民

114

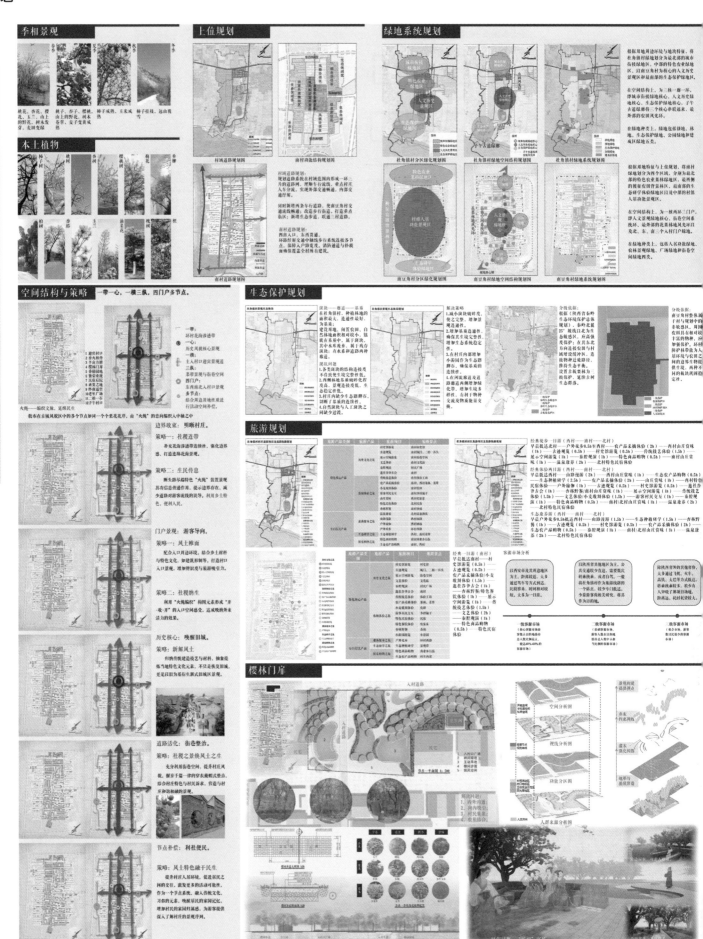

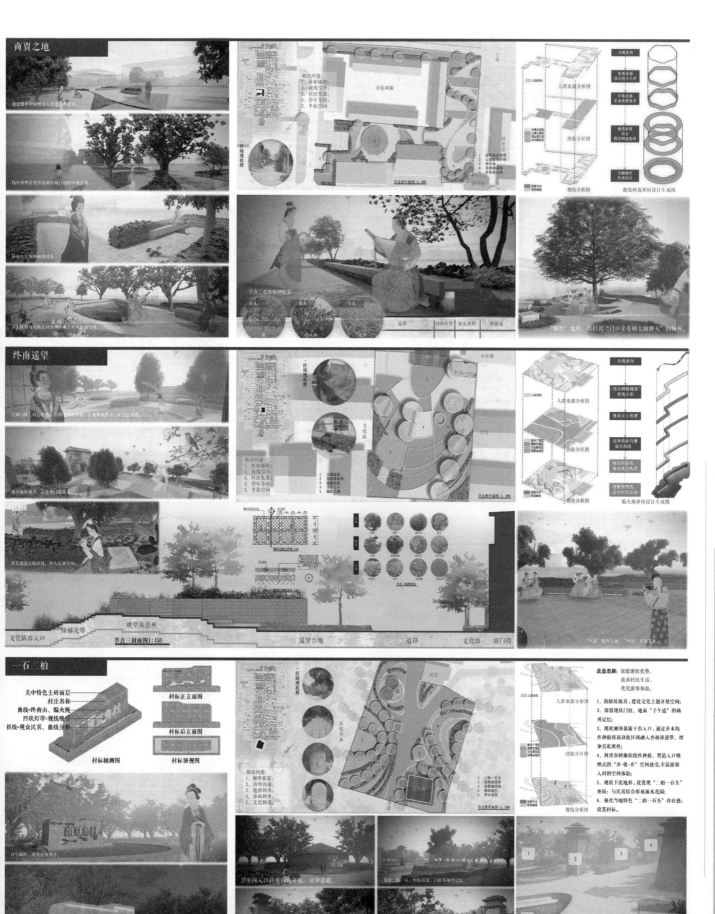

昆明理工大学　终南风土，社稷生民

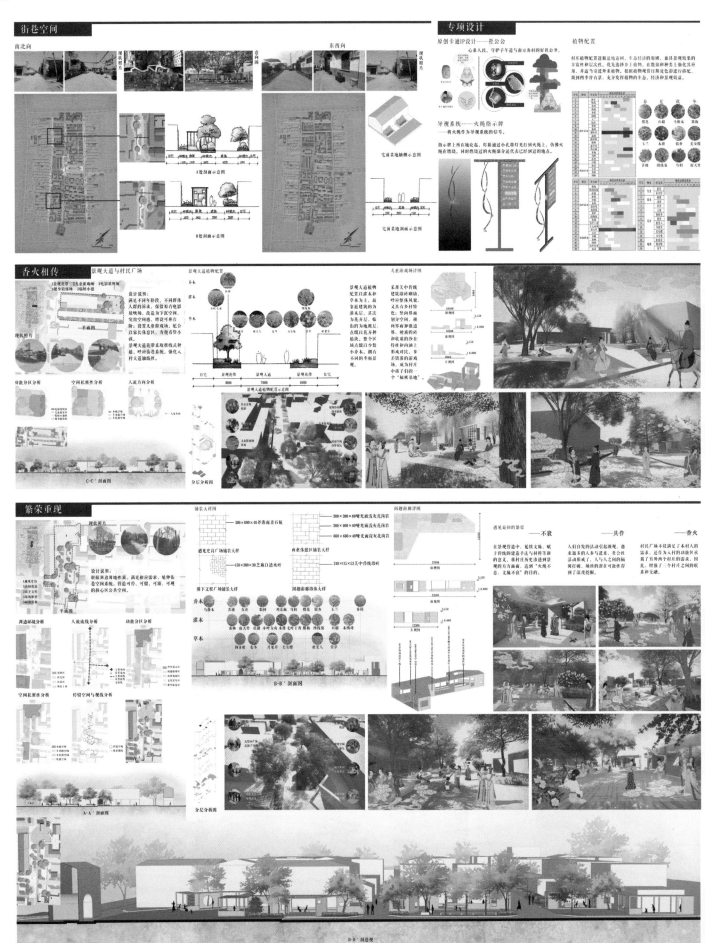

城乡规划学
杨代乾

从开春三月份到现在六月中旬，四校联合毕业设计时光如白驹过隙，我感觉自己很幸运参加了本次联合设计。这是我第一次到西安和青岛。在实地调研和汇报中，我觉得各校同学相互协作、相互学习的氛围是这一次联合设计最有意思的地方。这次联合设计不仅让我领略了异地风光，西北和胶州风情，同时也学习到了其他三校同学刻苦奋进、团结友善的可贵品质。

在这次规划设计中，我对村庄规划设计又有了新的认识，作为一名设计者，我们应该抱有一份敬畏而严谨的学习态度来了解村庄，听取民意，不能堂而皇之地想怎么做就怎么做。正如赵蕾老师传授给我们的"你们做设计时必须有合理的理论导向和充分的数据支撑"。在此次联合毕业设计过程中，我非常感谢杨毅老师、赵蕾老师、李昱午老师的教导，感谢小组队友的鼓励与支持，感谢在联合设计中那些尊敬的老师们与可爱的同学们。愿四校联合毕业设计这棵青树枝繁叶茂，组织更多的同学一起学习，共同进步！愿天下的乡村都能建设成为清新美丽的天堂。

城乡规划学
曹 磊

在本次的毕业设计中，首先感谢三位指导老师对我们进行了全面耐心的指导；其次感谢我的组员们与我一同完成本次毕业设计。本次毕业设计不仅是对于个人学习成果的考验，也是与其他同学交流学习的过程。在与其他组员合作的过程中学习团队合作，在联合答辩的过程中感受不同学校对于同样题目的不同见解，这些都是宝贵的学习经验。毕业设计的征程已经告一段落，但今后的学习还有很长的路要走。

建筑学
王蕴伟

很荣幸自己能参加本次四校联合毕业设计。回想三个多月的时光里，我们步入秦岭北麓的村庄，用脚步探索村子，和大爷们聊着村里的点滴故事，同老师们述说着想为村子做的种种，在幻想与现实的交织下跟队友一次次反复出方案，改方案，我们始终渴望却又难以回答一个问题：村子需要我们做什么才能真正有所改善，哪怕只是影响到村民。最终在杨老师、赵老师的帮助下，对村子的各种矛盾做出来一次次的回答。在与其他学校的同学们沟通交流下，我们从各校分析问题、解决问题不同的方式和思考中得到许多启示；各位评委老师的点评更是指路的多颗明星。在此感谢四校联合毕业设计给予我们这次沟通交流的机会。三个月的点滴是我们五年在校的映射，感谢杨老师、赵老师与李老师帮助我们凝练五年来的终章，感谢母校对我五年来的辛勤培育，感谢母校各位老师的悉心指导。最后感谢强大队友的"亿根"头发。

祝诸君如其所是，山高水长，乡土再见！

建筑学
马伊琳

回想三个多月的毕业设计中，有苦有甜。我们走进秦岭脚下的村庄，试图寻找着自己能为他们做的事情。村民们的热情，老师的激情，队友的鼓励，使这次毕业设计顺利完成。感谢学校给我们这个交流的机会，让我们收获了宝贵的学习经验，打开了一扇关注乡村的窗口，希望自己以后还能为乡村振兴出一份力。

祝愿南豆角村的明天更好。

风景园林学
周晟翼

三月的西安调研、四月的中期答辩，到最后一站的青岛答辩。前期，我们一起进行资料收集、解题探索，到杜角镇村同吃同住，尝试和村民沟通的不同方式；中期汇报，我们在西安建筑科技大学，与其他学校的同学一起下村补充调研，拉近了交流的距离；后期答辩，我们在青岛理工大学重逢，进行最终的成果展示和答辩。其中有竞争，有合作，有交流，有学习。这次毕业设计，是我五年所学的凝练体现。在我们组六位成员的努力下，大家各展不同专业所长，最终取得了较好的成果。感谢队友们四个月的陪伴和出图阶段的共同奋进。同时也感谢三位指导老师的耐心指导和鼓励，在我们迷惑时给予诸多建议。

风景园林学
王丽瑶

回想这次毕业设计，三月初调研时，秦岭北麓的春天要比家乡早一些，柳树抽芽，杏树开花，我们进入村庄展开调研，村民们也很配合，和我们交流了很多，我们从中发掘他们的需求，作为设计的出发点。在调研汇报中，我从其他学校学到了很多，每个学校都有自己的特色，或是思路严谨，或是调查深入，在交流中学习，这就是联合毕业设计的一大意义。四月中期答辩时，天气变暖，村庄中已是绿意盎然，秦岭的春天很美，我深切感受到了"终南山居"的意味。我们能做些什么，让村庄重新焕发活力，是我们一直思考的问题。我也理解了指导老师们的乡村情怀。经过一个多月的合作设计，我们在青岛顺利完成了终期答辩。五月底的青岛初入夏天，海风吹拂，蔷薇和法国梧桐映衬着八大关的老房子。这次毕业设计，也在青岛画上了句号。

感谢各位老师和队友们，让我们一起顺利完成了毕业设计。祝正年轻的我们，都得到自己想要的生活。

成
果
展
示

Achievement
Exhibition

壹 北豆角村

贰 南豆角村

叁 子午西村

子午西村现状 429 人，114 户，位于杜角镇村的最南端，终南山子午峪口处，适宜发展旅游业，满足西安市方向游客的生态休闲功能需求。子午西村面积 672.15 亩；其中建设用地 150.25 亩，非建设用地 521.90 亩。子午西村属于秦岭北麓浅山区，具有地形特色，南侧与山体相连，北侧为古柏树保护林，西侧为耕地，东侧为林地。规划以乡村旅游、田园养老为核心，展现"依山萦水，禅意文境"的空间风貌，打造小而精、精且美、依山错落、萦水环村、比邻而居、曲径通幽的环境氛围。

zǐ wǔ xī

子午西

引山连城，精致杜角

西安建筑科技大学　Xi'an University of Architecture and Technology

参与学生： 郝嘉璐　贺振萍　许馨丹　邓鹏飞　薛钰欣　肖　静

指导教师： 段德罡　蔡忠原　谢留莎　陈　炼

教师释题：

　　秦岭北麓长安区村庄众多，部分村庄位于秦岭生态保护红线内。村庄原住民的生产生活以及产业发展受到了影响。随着我国现代化事业的深入，乡村劳动力大量流失，呈现出不断衰退的趋势，落后、衰退的乡村正在成为制约我国实现现代化强国目标的关键短板，也成为我国许多社会经济问题甚至政治问题产生的根源。如何破解当前乡村衰退、落后的困境，让村民真正实现"以农为业，以村为家"？在这样的背景下，我们的杜角镇村面临三大挑战。

　　规划挑战一：在生态保护严格的秦岭浅山区，世代生息于此的原住民如何发展？在严格的生态保护背景下，如何引导村民合理利用村庄资源，避免掠夺式开发、破坏性开发，实现生态保护与生存发展的鱼水相依，是当前生态文明建设理念下村庄规划编制应当重点关注的问题。

　　规划挑战二：乡村如何融入都市圈，支撑国际化大都市的发展战略？西安是我国西北唯一的国家中心城市，其国家中心城市的定位为"三中心两高地一枢纽"，建成具有历史文化特色的国际化大都市。在这一背景下，终南山下的乡村如何借助西安城市发展的机遇，促进自身的发展同时支撑西安大都市的发展是本次毕业设计面临的重大挑战之一。

　　规划挑战三：乡村振兴战略目标下乡村现代化发展与传统文化传承如何协调？在大城市迅速扩张、乡村文化日益衰落的今天，清晰认知乡村现代化进程中，传统文化传承中存在的难点与问题，寻找适合我国乡村现代化发展要求下的传统文化传承的针对性策略、方法，使其协调发展，显得十分迫切和必要。因此，如何在传承传统文化的同时做好传统文化的活化利用，促进传统文化与现代文化的融合，是本次毕业设计课程面临的挑战之一。

现状分析

交通区位

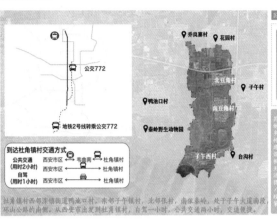

到达杜角镇村交通方式

公共交通（用时2小时）：西安市区 → 韦曲南 → 杜角镇村
自驾（用时1小时）：西安市区 → 杜角镇村

杜角镇村西邻连镇街道鸭池口村，东邻子午镇村，北邻张村，南依秦岭，处于子午火道南段，环山公路的南侧。从西安市出发到达杜角镇村，自驾一小时，公共交通两小时，交通便捷。

上位规划

经济产业情况

杜角镇村2019年农村居民人均纯收入为11250元（其中杜角镇土地、用池资产较西省农民人均纯收入12326元）少，且低于全国农民人均纯收入（16021元）。

三产发展情况

- 第一产业
- 第二产业
- 第三产业

现状产业格局以一产为主，三产为辅；农民人均纯收入低于陕西省以及全国农民人均纯收入。

社会人口情况

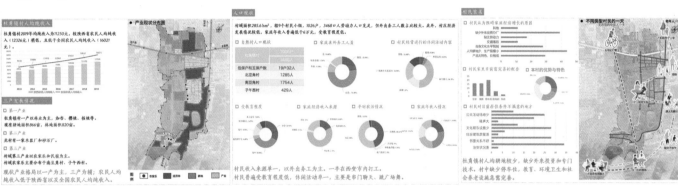

村民收入来源单一，以外出务工为主，一半在西安市内打工。村民普遍受教育程度低，休闲活动单一，主要是串门聊天、跳广场舞。

杜角镇村人均耕地较少，缺少外来投资和专门技术，村庄缺少经济来源，教育、环境卫生和社会养老设施亟需完善。

资源情况

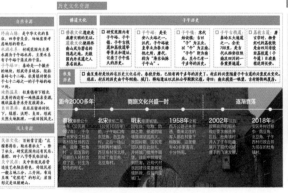

三生空间

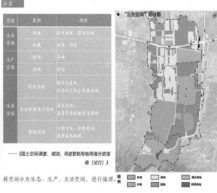

—《国土空间调查、规划、用途管制用地用海分类指南（试行）》

将空间分为生态、生产、生活空间，进行梳理。

三生空间

用地性质	用地面积(m²)	用地比例
农村宅基地	374194.14	13.10%
农村社区服务设施用地	4303.59	0.15%
教育用地	3760.31	0.13%
公用设施用地	95968.18	3.36%
乡村道路用地	116681.45	4.08%
工业用地	57742.99	2.02%
林地	701238.58	24.55%
耕地	441173.14	15.44%
园地	734415.41	25.71%
荒地	325062.93	11.38%
水域	5803.10	0.20%
总计	2856443.82	100%

杜角镇村土地资源较为丰富（其中耕地866亩，林地820亩）。有大量置置土地，缺乏有效利用，缺乏管理保护；村民人均耕地面积为0.24亩，主要用于某林特种。

现状土地资源丰富，但存在土地大量闲置的现象。

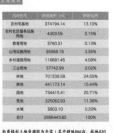

防护林网络局不佳、防护林残破断裂、不成体系

场地构成了以农田为基质、建设用地、林地、水库为斑块，道路、沟渠、防护林带为廊道的生态景观格局。

西安建筑科技大学　引山连城·精致杜角

三生空间

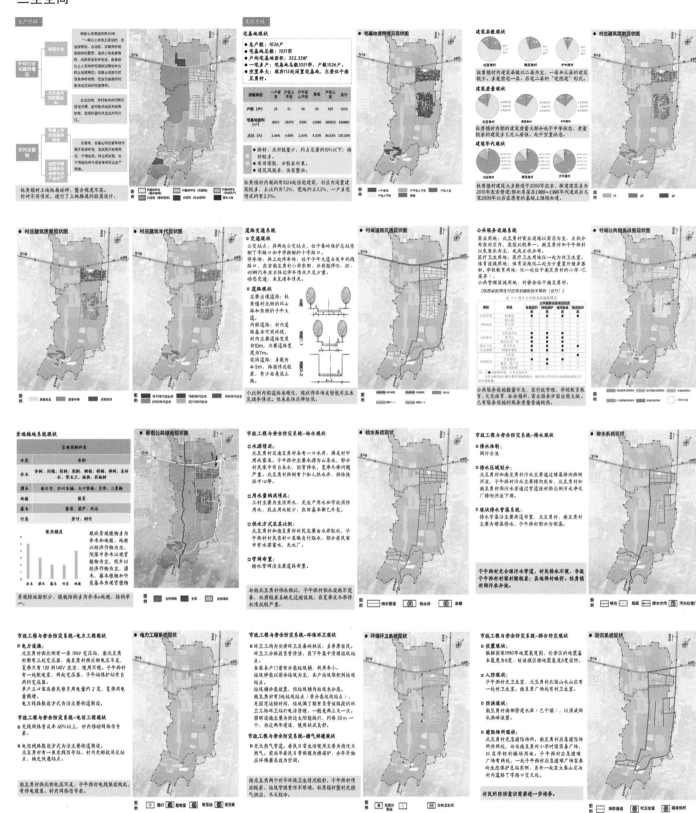

生产空间

生活空间

现状总结

SWOT 分析

生态专题

生态敏感性分析

高程图
坡度图
坡向图
水文图
土地利用图

生态空间布局

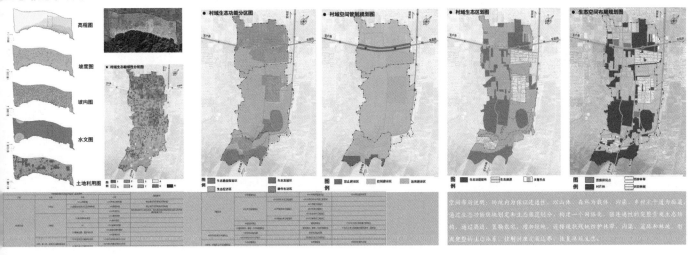

村域生态功能分区图　村域空间管制规划图　村域生态区划图　生态空间布局规划图

文化专题

文化景观　　子午古道　　村庄周边

研究框架

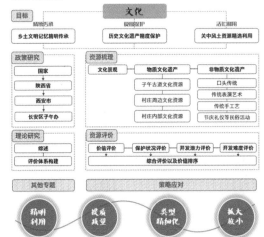

123

民俗技艺　　节庆礼仪　　村庄内部

策略应对

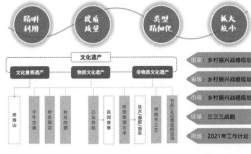

资源评价

杜角镇村文化遗产评价体系

		价值评价30%	保护状况评价20%	开发潜力评价25%	开发难度评价25%	综合评价
文化景观遗产	终南山	0.94	1	0.9	0.9	0.932
物质文化遗产	子午古道	子午栈景区	0.77	0.6	0.6	0.8	0.701
	村庄周边	小五台景区	0.59	0.8	0.7	0.9	0.737
		金仙观	0.92	0.8	0.8	0.8	0.811
		荔枝罘	0.88	0.7	0.8	0.7	0.779
		禅定寺	0.50	0.6	0.6	0.6	0.57
		老王沙场	0.32	0.4	0.4	0.6	0.426
	村庄内部	左头头通桥	0.50	0.8	0.7	0.7	0.66
		南北城门楼	0.86	0.8	0.9	0.7	0.818
		古树名木	0.85	0.7	0.7	0.5	0.72
		社公爷	0.85	1	0.6	0.5	0.73
非物质文化遗产	口头传统	帝髻爱情故事	0.80	0.7	0.7	0.7	0.74
	传统表演艺术	社火	0.86	0.8	0.7	0.6	0.743
		秦腔	0.74	0.6	0.6	0.7	0.667
		鼓乐	0.74	0.6	0.5	0.6	0.622
	传统手工艺	关中传统民居营造技艺	0.68	0.7	0.7	0.7	0.679
	节庆、礼仪等民俗活动	四时八节	0.71	0.7	0.6	0.8	0.703

	价值评定依据	价值评级
终南山	国家级自然+文化价值	①
子午栈景区	省级文保单位	②
小五台景区	寺庙众多	③
金仙观	唐代，享誉国内外	①
荔枝罘	唐代，驿站文化	③
禅定寺	寺庙	④
老王沙场	军事遗址	④
左头头通桥	明代，标志性	③
南北城门楼	明代，市级遗址，标志性	①
古树名木	魏晋，省级古树	②
社公爷	明代	③
帝髻爱情故事	明代	③
社火	国家级非物质文化遗产名录	②
秦腔	国家级非物质文化遗产名录	②
鼓乐	国家级非物质文化遗产名录	②
关中传统民居营造技艺	省级非物质文化遗产名录	②
四时八节	基础丰富	③

乡土文明记忆精明传承　　　历史文化遗产精度保护　　　关中风土资源精选利用

西安建筑科技大学　引山连城，精致杜角

产业专题

分区设计

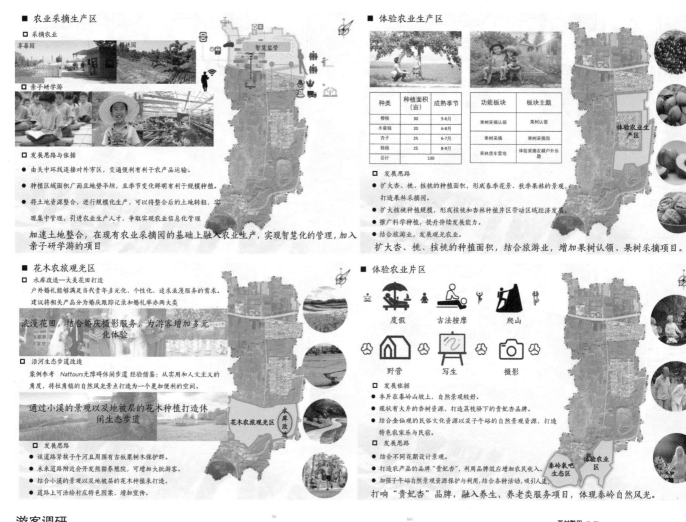

■ 农业采摘生产区

□ 采摘农业

草莓园　　　　　　　樱桃园

□ 亲子研学游

□ 发展思路与依据

● 由关中环线连接对外市区，交通便利有利于农产品运输。

● 种植区域面积广而且地势平坦，且季节变化鲜明有利于规模种植。

● 将土地资源整合，进行规模化生产，可以将整合后的土地转租，实现集中管理，引进农业生产人才，争取实现农业信息化管理。

加速土地整合，在现有农业采摘园的基础上融入农业生产，实现智慧化的管理，加入亲子研学游的项目

■ 花木农旅观光区

□ 水库改造—大美花田打造

户外婚礼能够满足当代青年多元化、个性化、追求浪漫服务的需求。建议将相关产品分为婚庆跟踪记录和婚礼举办两大类

浪漫花田，结合婚庆摄影服务，为游客增加多元化体验

□ 沿河生态步道改造

案例参考 Nattours无障碍休闲步道 经验借鉴：从实用和人文主义的角度，将杜角镇的自然风光景点打造为一个更加便利的空间。

通过小溪的景观以及地被层的花木种植打造休闲生态步道

□ 发展思路

● 该道路紧挨子午河且周围有古板栗树林保护群。

● 未来道路附近会开发熊猫宠育院，可增加大批游客。

● 结合小溪的景观以及地被层的花木种植来打造。

● 道路上可涂绘村庄特色图案，增加宣传。

■ 体验农业生产区

种类	种植面积（亩）	成熟季节
樱桃	30	5-6月
水蜜桃	20	6-8月
杏子	25	6-7月
核桃	25	8-9月
总计	100	

功能板块	板块主题
果树采摘认领	果树认领
果树采摘	果树采摘园
果林房车营地	体验采摘农耕户外乐趣

体验农业生产区

□ 发展思路

● 扩大杏、桃、核桃的种植面积，形成春季花景、秋季果林的景观，打造果林采摘园。

● 扩大核桃种植规模，形成核桃和杏林种植片区带动区域经济发展。

● 推广科学种植，提升持续发展能力。

● 结合旅游业，发展观光农业。

扩大杏、桃、核桃的种植面积，结合旅游业，增加果树认领、果树采摘项目。

■ 体验农业片区

度假　　　古法按摩　　　爬山

野营　　　写生　　　摄影

□ 发展依据

● 本片在秦岭山坡上，自然景观较好。

● 现状有大片的杏树资源，打造荔枝下的贵妃杏品牌。

● 结合金仙观的民俗文化资源以及子午峪的自然景观资源，打造特色农家乐与民宿。

□ 发展思路

● 结合不同花期设计景观。

● 打造农产品的品牌"贵妃杏"，利用品牌效应增加农民收入。

● 加强子午峪自然景观资源保护与利用，结合各种活动，吸引人流。

打响"贵妃杏"品牌，融入养生、养老类服务项目，体现秦岭自然风光。

游客调研

中青年客群　　　健康养生客群　　　家庭亲子客群

西村整租　2%
其他　1%
参观南豆角村　4%
宗教活动　13%
摄影/写生　5%
秋游/春游/……　20%
登山/徒步　55%

0%　10%　20%　30%　40%　50%　60%

产业情况

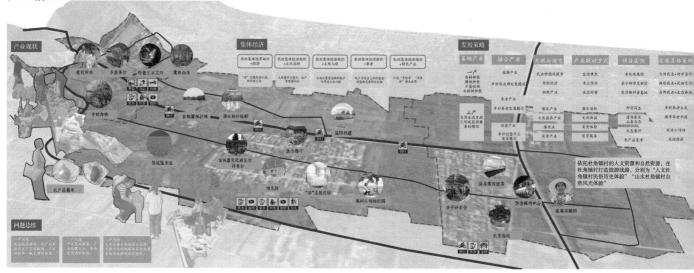

现代化专题研究

研究框架与发展目标

生态宜居　产业兴旺　治理有效　乡风文明

发展目标：推进农村现代　加强农民现代　推进产业融合

研究框架：研究缘起 → 相关研究综述 → 杜角镇村现代化评价指标体系

层次分析法：产业兴旺 生态宜居 乡风文明 治理有效 生活富裕

产业发展策略　文化发展策略

研究缘起

《乡村振兴战略规划（2018—2022年）》

到2035年，乡村振兴取得决定性进展，农业农村现代化基本实现。农业结构得到根本性改善，农民就业质量显著提高，相对贫困进一步缓解，共同富裕迈出坚实步伐；城乡基本公共服务均等化基本实现，城乡融合发展体制机制更加完善；农村生态环境根本好转，生态宜居的美丽乡村基本实现。

要坚持把解决好"三农"问题作为全党工作重中之重，把全面推进乡村振兴作为实现中华民族伟大复兴的一项重大任务，举全党全社会之力加快农业农村现代化，让广大农民过上更加美好的生活。

《中央农村工作会议》

巩固和拓展脱贫攻坚成果，全面推进乡村振兴，加快农业农村现代化，是党中央着眼全面建设社会主义现代化国家大局作出的重大决策。要举全社会之力推动乡村振兴，促进农业高质高效、乡村宜居宜业、农民富裕富足。

相关研究

- 村里耕地少，种地收入低；多是中青年人都进城务工。
- 缺少老年人活动场地；村卫生室条件差，有个大病小病都得进城看。
- 村里网络信号差，经常停电停水；没有休闲放松的地方。
- 村里基本都是老人，遇到个事都不知道找谁帮忙。
- 村庄有些房子很旧，质量很差，还有楼板漏水、前面渗水之类的问题；平时也没有休闲放松的地方。

《乡村振兴战略规划（2018—2022）》

农业现代化　农村现代化　农民现代化

《美丽乡村建设指南》

《指南》由12个章节组成，主要框架分为总则、村庄规划、村庄建设、生态环境、经济发展、公共服务、乡风文明、基层组织、长效管理9个部分。

丁可丽：《海南省农业现代指标体系分析》

参考《全国农业现代化规（2016～2020年）》中基本和全面实现农业现代化目标，从6个方面23个指标对海南的农业现代化水平进行分析评价。

《苏州市率先基本实现农业农村现代化评价指标体系》

从农业现代化、农村现代化、农民现代化和城乡融合四个方面构建了评价指标体系。

社会发展专题研究

研究框架

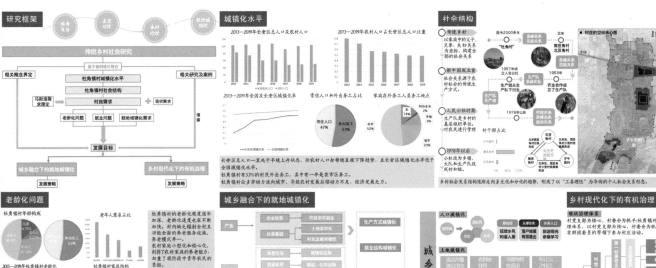

时空演化　乡村治理　城镇化水平

传统乡村社会研究　基于精明增长理念

相关概念界定　杜角镇村城镇化水平　杜角镇村社会结构　村民需求

相关研究及案例

马斯洛需求理论　老龄化问题 就业问题 就地城镇化需求

发展目标

城乡融合下的就地城镇化　乡村现代化下的有机治理

发展策略

城镇化水平

2013—2019年长安区总人口及农村人口
2013—2019年农村人口占长安区总人口比重

2013—2019年全国及长安区城镇化率

常住人口和外出务工占比：常住人口 47%　外出务工 53%

家庭在外务工人员工地点：市内 52%　村办企业 2%

长安区总人口一直处于平稳上升状态，而农村人口却持续呈现下降趋势，且长安区城镇化水平低于全国城镇化率。
杜角镇村有53%的村民外出务工，其中有一年一半在市内务工。

社会结构

传统乡村

以家庭中的父子、兄弟、夫妇关系，构成了全部的社会关系。

新中国成立初

社会关系系于农村社会合理性的生产方式上。

人民公社时期

生产队是乡村的基层组织形式。对村民进行管理。

1978年以后

公社组变为乡镇，大队改变为行政村，生产队改为村民小组。

乡村社会关系结构逐渐走向多元化和分化的趋势，形成了以"工具理性"为导向的个人关系形态。

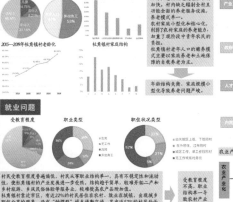 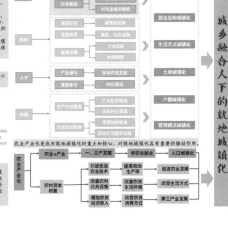

老龄化问题

杜角镇村老年比构成

2015—2019年杜角镇村老龄化
老年人需求占比
杜角镇村家庭结构

杜角镇村的老龄化程度随年加深，老龄化进度也表不断加快。村面临先进解决养老服务设施建设，养老要求严。

农村家庭小型化和核心化，削弱了农村家庭的养老能力，加重了现阶段劳务青年农民的负担。

杜角镇村老年人口的赡养模式主要以家庭养老和自我保障的自我养老为主。

年龄结构失衡，家庭规模小型化导致赡养老年问题严重。

就业问题

受教育程度　职业类型　职住状况类型

村民受教育程度普遍偏低，村民从事职业结构单一，具有不稳定性和流动性，使其难以持续在产业发展进一步改善，指标处于中下游，杜角镇村和乡村旅游、乡风文明体验等发展不良，较大程度影响乡村产品指标。杜角镇村在市区，而流出22%的村民处于在农村、就业走城镇化，出现城乡空间分异的状态。流波"钟摆型"城乡关系中，有52%的村民处于城镇化状态，约26%的村民青年在工作，仅在节假日返乡。

城乡融合下的就地城镇化

产业　农村资本积累

人才　农业产业化

社会

农业产业化是农村就地城镇化的重点和核心，对就地城镇化有着重要的推动作用。

生产方式城镇化　就业结构城镇化　生活方式城镇化　土地城镇化　户籍城镇化　管理模式城镇化

城乡融合人下的就地城镇化

农业+产业：一、三产发展 → 非农化就业 → 人口城镇化
农村资本积累：第三产业发展

人口城镇化

通过发展"农业+"模式促进三产发展，增加村民非农就业，从而推动就地城镇化；促进就业发展，增加村民经济收入，改变生活方式等推进杜角镇村就地城镇化。

乡村现代化下的有机治理

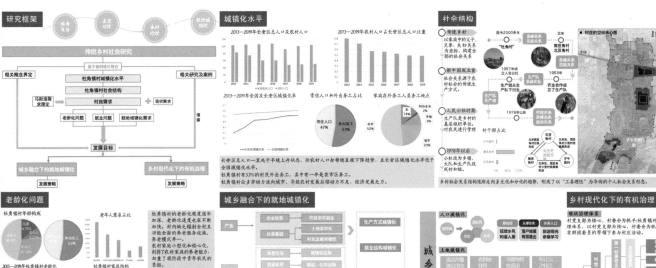

村党支部书记　村党委委员

杜角镇村新村组织于2021年成立，现以村党委为开展村，相关工作组织机构仍在调整中。

空间建设专题研究

设施配置

相关研究

《美丽乡村建设指南》

《指南》的指标主要关于生态环境保护和公共服务两个方面，忽略了乡村产业、乡村治理等方面的指标。

《我国农村人居环境建设的标准体系研究》

"标准体系"的构建结合了国家政策文件，但部分内容过于笼统。

《陕西省实用性村庄规划编制技术导则》

"导则"给出了道路交通、基础设施、公共服务设施三个方面的规划要求。

《乡村振兴战略规划》

对乡村基础设施和公共服务设施的建设提出了更高的要求，基于这些要求对指标体系进行修改。

杜角镇村基础设施标准体系构建及赋值

目标层	准则层	指标层	单位/%
提升生产能力	道路基础设施	村内道路硬化率	100
		村内道路亮化率	100
		有公交线路联系周边城镇	—
		公共停车场建设规模	m²
	能源供应设施	燃气使用率	100
		可再生能源占能源使用比例	20
		太阳能利用率	—
改善生活质量	给水设施	集中供水率	100
		饮用水卫生安全达标率	100
		实现24小时连续供水	—
	电力电信设施	人均生活用电量	15千瓦时/人（天）
		供电可靠率	>99.8
		乡村广播电视普及率	—
		户均带宽达到50Mbps以上	—
		4G通信网络覆盖率	100
修复生态环境	垃圾清理设施	生活垃圾处理率	100
		生活垃圾分类收运占比	—
		清扫保洁机制完善率	85

目标层	准则层	指标层	单位
修复生态环境	污水处理设施	污水管网建设率	85
		污水截污纳管率	85
		污水集中处理率	80
		污水排放达标率	100
	农厕改造设施	卫生厕所普及率	100
		装配式三格化粪池厕所建设使用率	85
		主要公共场所有卫生公厕	—

构建原则

运用层次分析法将指标体系分解为目标层、准则层和指标层，层层深入构建杜角镇村现代化评价指标体系。

赋值原则

结合《国家乡村振兴战略》《苏州市率先基本实现农业农村现代化评价指标体系》《国务院办公厅关于改善农村人居环境的指导意见》《美丽乡村建设指南》确定了各个设施系统的具体指标。

公共服务设施配置内容及规模要求

针对杜角镇村老龄化现状提出以适龄人口为标准（而非千人指标）进行建设，针对旅游产业发展将商业设施分为购物设施和接待服务设施，进行更精准的规划配置。

图层	设施类型	设施内容	建设规定	配置要求
乡村基础生活圈	行政管理类	警务室	/	√
		旅游服务站		√
		村委会	建筑面积30～50 m²	√
	教育设施	幼儿园	规模为1～5班，生均用地面积13～18m²	√
		托儿所		√
		小学	参考《农村普通中小学建设标准》	×
	医疗卫生设施	卫生站、计生站	人均建筑面积不小于0.1 m²	√
	文体设施	小型图书馆	建筑面积不少于500m²	√
		全民健身设施	用地面积不少于600m²	√
		村史展览馆		√
	社会保障设施	老年活动中心	建筑面积0.2～0.3m²/适龄人口配置	√
	购物设施	日用品店、便利店		√
		餐饮店		√
	接待服务设施	民宿、酒店		√
		农家乐		√
		邮电、储蓄、电话	建筑面积100～200m²	√
		综合经营点		√

西安建筑科技大学

引山连城·精致杜角

土地利用

三生空间

通过对三生空间进行总体管控指引，实现生态空间只减不增、生产空间总量锁定、生活空间紧凑集约。
生态空间：以生态服务功能为主要用途的区域，主要为村域内部具有生态防护功能的林地、陆地水域和坑塘。
生产空间：以农业种植为主要用途的区域。
生活空间：指村域内允许建设区，包括村庄居住用地、区域基础设施用地以及城镇建设用地等。

生产空间、生活空间

拆除+复垦：耕地	拆除腾挪粮食和蔬菜种植
拆除+新建：公服	中心广场组团合并新建住宅
拆除+新建：广场	
拆除+新建：居住	
保留+新建：公服	社区活动中心民宿农家乐
保留+新建：乡旅	

生态空间、文化空间

拆除+复垦：耕地	拆除腾挪粮食和蔬菜种植
拆除+复垦：种植	
拆除+新建：绿地	中心广场环卫设施
拆除+新建：环卫	
保留+改造：宅宿	宅前绿地社区活动中心民居景点
保留+改造：公服	
保留+改造：乡旅	

村庄三生空间规划图

宅基地利用

农民内生动力不足

缺乏宅基地补偿机制
私宅祖产观念影响
知情参与权难以保障
宅基地用地本身闲置

人的障碍

宅基地类型复杂多样
① 住原福住性 ② 原宅举用房质 ③ 户事节 ④ 死制进城

地的障碍

政策A：宅基地有偿使用、有偿退出机制
政策B：变"农民"为"股民"
政策C：农户+村集体+社会资本
政策D：农民+农业产业化企业
政策E：农房改造为公共空间

实施主体	村委会
收费标准	宅基地有偿使用制定有偿退出方案 "谁来收取"
	一户大宅 一次收取
	一户多宅 年度收取
	主体资格不符合 年度收取
	改变福利性用途 年度收取
	"收取多少"
实施范围	一户大宅 一户多宅 主体资格不符合 改变福利性用途 "向谁收取"
实施范围	村民自治 一定比例资金用于管理费用 "怎么用好" 其余资金用于村庄公益事业

农业农村部

出台闲置宅基地入股利用的指导意见

| 入股出资方式 | 股权设置 | 组织机构 | 盈利分配 | 风险防范 |

政府

建立闲置宅基地入股利用的登记制度

政府+社会

建立闲置宅基地入股利用的登记制度

| 建立权威评估机构 | 制定科学评估方法 | 培养专业评估人才 |

企业+村集体

建立闲置宅基地入股利用的登记制

| 明确农民股权份额 | 垫付农民保底收益 | 村集体80%农户20% |

政府

开展农村房地调查确权登记颁证
引入优质社会资本和专业管理
对试点户给予政策支持
监督合作社工作

企业

吸纳本村村民就业
投入资金改造房屋
建设配套设施、完善服务空间
建立客户准入和退出机制

合作社

健全分红制度
维护农民权益
建设公共文化活动场所

农户

积极参与及宅基地盘活
配合企业对房屋进行改造

建筑空间

建筑风貌

建筑色彩

从现有的典型民居提取出关中乡村民居的建设色彩：朱红、土黄、黛青、原木色。

 土黄色砖　原木色门　青瓦　参杂麦秸的黄土墙　木檩条　木门　门墩　土砖

建筑墙体

针对不同材质的特点，分别给出不同的整改措施，达到建筑风貌的统一和谐。

 夯土墙
 红砖墙
 红砖墙刷涂料
红砖墙贴瓷砖

生土墙体：采用当地石材、砖头或黄土进行"修补"及装饰，并充分遵循"修旧如旧"的原则，保留原始建筑特色，使之成为所在村域的特有建筑形式。
红砖墙体：用水泥找平后再粉刷灰白色涂料，用朱红瓷砖砌筑墙角，使住宅立面干净整洁。
红砖墙体刷涂料/红砖贴瓷砖：通过调整立面材质和色彩，达到建筑风貌统一。

建筑屋顶

现状的坡屋顶进行保留和修缮，保留特色；平屋顶可进行平改坡或改造为休闲空间。

 坡屋顶   坡屋顶 平屋顶   装饰坡度顶

坡屋顶："修旧如旧"，现状破损屋顶进行修缮，采用灰瓦或者青瓦，保留原始建筑特色。
平屋顶：平改坡，可选择单坡屋顶或"人"字屋顶；改造坡屋顶可同时加装吊顶。加建女儿墙，女儿墙形式有所限制，墙头屋顶进行改造；屋顶设置花草和休闲座椅。

建筑门窗

针对不同类型的大门和窗户进行不同的改造和装饰。

原木大门　金属大门　生土木窗　铝合金窗

木门：对合页缺损的进行修缮，损坏的门垣修缮，刷清漆保持原生色彩。
金属大门：使用关中传统格栅门进行改造。
木窗：对合页缺损的进行修缮；加固木窗框并重新刷清漆。
铝合金窗：拆除防盗网，按照某单式窗户材质及色彩统一规划。

建筑技术

建筑热工

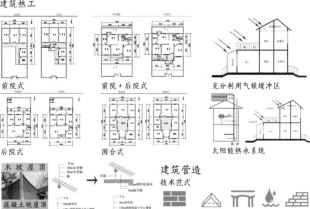

前院式　前院+后院式　充分利用气候缓冲区

后院式　围合式　太阳能热水系统

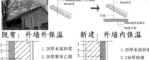
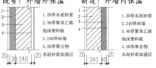
木坡屋顶
混凝土坡屋顶
既有：外墙外保温　新建：外墙内保温

建筑营造

技术范式

生土外在特征

单坡屋顶　梁架　集雨　坑灶

槐院　门楼　单坡屋顶　宅院

面宽8~10m，总进深20~30m左右

墀头　歇阳　木门　宅窗

内院高宽比约为0.9，长宽比为3~4，开间3.2m

建筑空间

宅院构成形式现状

前院式　后院式　前院+后院式

建筑功能适老化

空巢老人　隔代居　主干家庭

建筑功能弹性化

空间合并　空间分割　空间变异　空间延伸　空间互换

庭院景观提升

庭院绿化降温　入口廊架遮阳　构筑物降温　水池加湿空气　围墙遮挡寒风　植物减缓风速　植物净化空气　落叶树冬季遮光

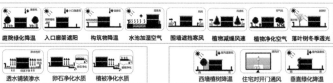
透水铺装渗水　卵石净化水质　植被净化水质　西墙植树降温　住宅对开门通风　垂直绿化降温

村域规划

土地利用规划

用地平衡表

用地性质	用地面积（㎡）	比例
农村宅基地	355723.69	12.45%
农村社区服务设施用地	6952.91	0.24%
教育用地	4026.65	0.14%
文化用地	4076.85	0.14%
公用设施用地	1861.69	0.07%
乡村道路用地	126473.78	4.43%
工业用地	76692.17	2.69%
公园绿地	94775.25	3.31%
防护绿地	38855.91	1.36%
旅游服务用地	5641.81	0.20%
林地	773442.27	27.08%
耕地	325081.44	11.38%
园地	720912.42	25.24%
水域	11114.40	0.39%
总计	2856443.82	100%

村域土地利用规划图

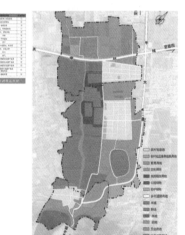

村域建设用地调整规划图

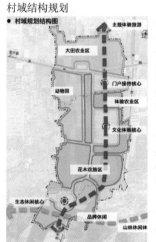

村域非建设用地调整

村域结构规划

127

村域规划结构图

三心：门户接待核心【北豆角村】：作为村域的门户空间，负责接待、旅游咨询、文化感知与标识以及基础服务。文化体验核心【南豆角村】：改造展览馆，介绍荔枝驿的历史，引出产业服务的主题"传递情感"，负责引导活动、宣传商旅及民俗文化。生态休闲核心【子午西村】：作为荔枝驿的节点村落，负责提供精品食宿服务、休闲娱乐服务。

两轴：主题体验旅游：以"荔枝驿"为主题的集摄影、观景、互动于一体的体验休闲轴线。山林休闲体验：以自然风光为主，结合山地地形，集生态涵养、发展山林疗养和体验类旅游产品。

四片区：大田农业区、休闲农业区、花木农旅区、品牌休闲区。

村域系统规划

景观系统规划图

道路系统规划图

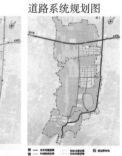

道路断面图

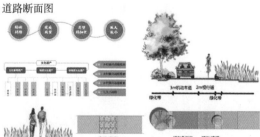
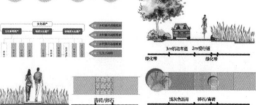
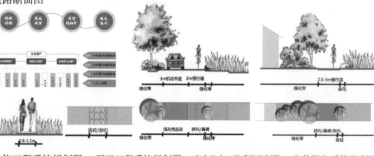

给水工程系统规划图

排水工程系统规划图

电力工程系统规划图

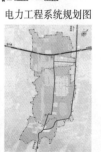

电信工程系统规划图

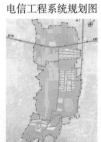

环卫工程系统规划图

安全防灾工程系统规划图

公共服务系统规划图

西安建筑科技大学 引山连城·精致杜角

村域规划

场景图

1. 亲子研学营
2. 蔬果采摘园
3. 游客接待中心
4. 温泉度假酒店
5. 亲子广场
6. 花田栈道
7. 果树认领体验园
8. 生态餐厅
9. 村委会
10. 农庄客栈
11. 幼儿园
12. 百花广场
13. 老年活动中心
14. 古栈道文化展览馆
15. 田园主题乐园
17. 古板栗保护林
18. 繁花漫步池
19. 徒步穿越林
20. 农产品集市
21. 贵妃杏林
22. 特色艺术工坊
23. 养老乐园
24. 养生茶馆
25. 古法按摩馆
26. 露营野餐营地
27. 度假山庄

村域规划总平面图

村域总平面图

重点项目建设意向图

游客接待中心

花田广场

特色手工坊

星空树屋

山泉茶馆

温泉酒店

扩建村史馆

子午西村村组建设规划

子午西村现状

村域情况

系统关联性分析

村组土地资源

村组宅基地资
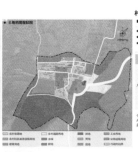

村组空间资源
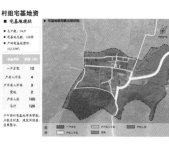

村组情况

村组地形
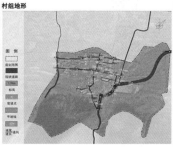

村组定位及策略

发展规划

功能分区

八片区

- 村民居住区
- 公共活动区
- 餐饮民宿区
- 禅意休闲区
- 花海游玩区
- 子午峪保护区
- 贵妃杏林区
- 自然林地

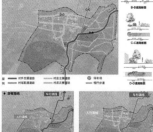

子午西村绿地景观系统规划图
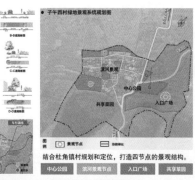

结合杜角镇村规划和定位，打造四节点的景观结构。

中心公园　滨河景观节点　入口广场　共享菜园

子午西村总平面图

① 入口广场
② 农家乐
③ 公共活动中心
④ 中心公园
⑤ 滨水景观
⑥ 茶馆
⑦ 杏林
⑧ 大秦山庄
⑨ 子午峪保护总站
⑩ 民宿
⑪ 适老化改造
⑫ 停车场
⑬ 花海漫步

西安建筑科技大学　引山连城·精致杜角

2021 城乡规划、建筑学与风景园林专业
四校乡村联合毕业设计

村组风貌设计

风貌现状

风貌设计导引

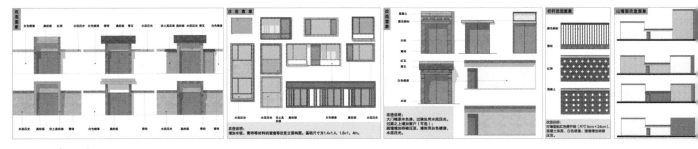

风貌设计导引

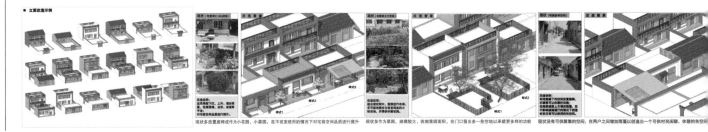

村组景观系统设计

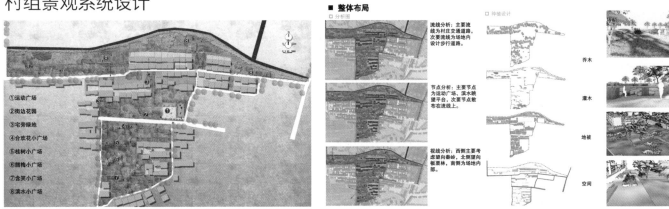

村组标识系统设计

标识现状　　　　　　标识设计

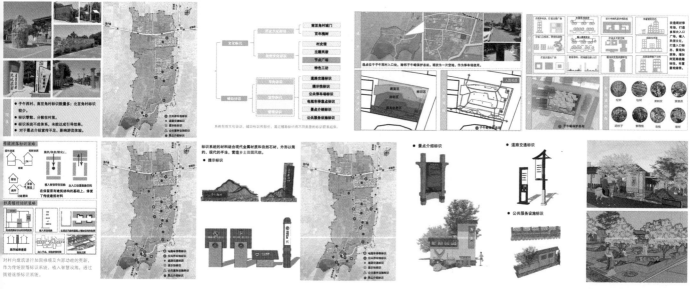

- 子午西村、南豆角村标识数量多；北豆角村标识较少。
- 标识零散，分散在村。
- 标识系统形式传统，未能达成引导性效果。
- 对于重点介绍景点不足，影响游览体验。

系统包括文化标识、规划标识部分，通过精细修补不同类型的标识更加完整。

标识系统的材料结合现代金属材质和自然石材，外形以简约、现代的手法，营造乡土田园风貌。

宅地整租设计

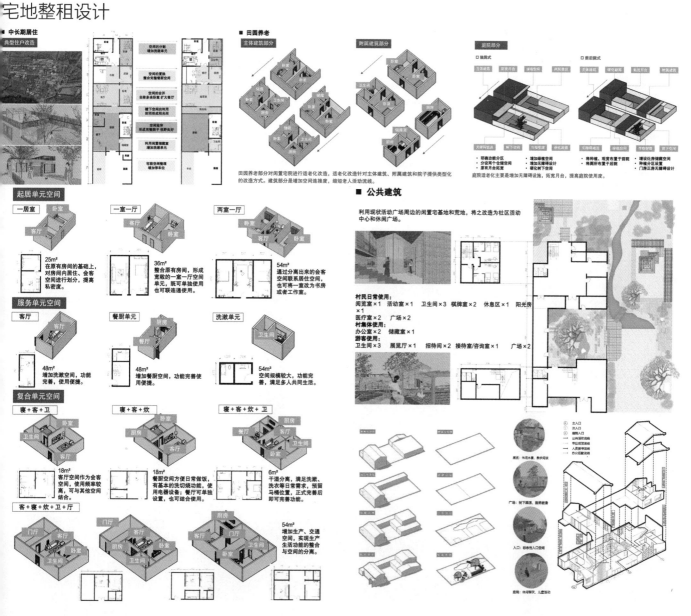

■ 中长期居住
典型住户改造

田园养老部分对闲置宅院进行适老化改造，适老化改造针对主体建筑、附属建筑和院子提供类型化的改造方式。建筑部分是增加空间连接度，缩短老人活动流线。

庭院适老化主要是增加无障碍设施，筑宽月台，提高庭院使用度。

■ 田园养老
主体建筑部分　　　　附属建筑部分　　　　庭院部分

起居单元空间

一居室
25m²
在原有房间的基础上，对房间内居住、会客空间进行划分，提高私密度。

一室一厅
36m²
整合原有房间，形成联系居住空间的一室一厅空间，既可单独使用也可联通使用。

两室一厅
54m²
通过分离出来的会客空间可作为居住空间，也可将一室改为书房或者工作室。

服务单元空间

客厅
48m²
增加洗漱空间，功能完善，使用便捷。

餐厨单元
48m²
增加餐厨空间，功能完善使用便捷。

洗漱单元
54m²
空间规模较大，功能完善，满足多人共同生活。

复合单元空间

寝+客+卫
18m²
客厅空间作为会客空间，使用频率较高，可与其他空间结合。

寝+客+炊
18m²
餐厨空间方便日常做饭，有基本的洗切烧功能，使用电器设备；餐厅可单独设置，也可结合使用。

寝+客+炊+卫
6m²
干湿分离，满足洗漱、洗衣等日常需求，预留马桶位置，正式完善后即可完善功能。

客+寝+炊+卫+厅
54m²
增加生产、交通空间，实现生产生活功能的整合与空间的分离。

■ 公共建筑
利用现状活动广场周边的闲置宅基地和荒地，将之改造为社区活动中心和休闲广场。

村民日常使用：
阅览室×1　活动室×1　卫生间×3　棋牌室×2　休息区×1　阳光房×1
医疗室×2
村集体使用：
办公室×2　储藏室×1
游客使用：
卫生间×3　展览厅×1　招待间×2　接待室/咨询室×1　广场×2

西安建筑科技大学　引山连城，精致杜角

村组宅地改造

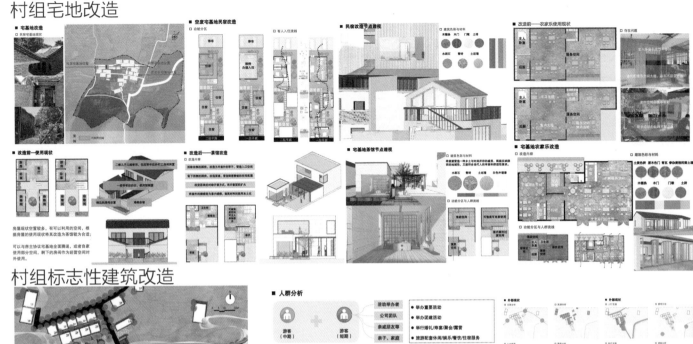

- 宅基地改造
  - 民宿宅基地现状
- 空废宅基地民宿改造
  - 功能分区
  - 客人住宿流线图
- 民宿改造节点透视
  - 建筑色彩与材料
  - 木墙色 木门 门窗 土墙
  - 水泥石 青砖 土品墙
- 改造前——农家乐使用现状
  - 存在问题
- 宅基地农家乐改造
  - 建筑色彩与材料
  - 土黄色砖 原木色/青瓦 参加使用的原木
  - 木墙色 木门 门窗 土墙
  - 水泥石 青砖 土品墙

- 改造前——使用现状
- 改造后——茶馆改造
- 宅基地茶馆节点透视
  - 建筑色彩与材料

房屋现状空置较多，有可以利用的空间，根据房屋的使用现状将其改造为茶馆较为合适；

可以与房主协议宅基地全面招租，或者自家使用部分空间，剩下的房闲作为出租空间对外经营。

村组标志性建筑改造

① 大番山庄
② 雨像广场
③ 雨像休闲广场
④ 帆雪休闲广场
⑤ 秋千休闲广场
⑥ 滑雪场地
⑦ 后院地停经路
⑧ 楼梯休闲健身场地
⑨ 儿童休闲娱乐休闲场地
⑩ 公共卫生间
⑪ 停车场
⑫ 管理处

总平面图 1：1000

■ 人群分析

- 游客（中期）
- 游客（短期）
  - 活动举办者
  - 公司团队
  - 亲戚朋友等
  - 亲子、家庭
  - 举办重要活动
  - 举办团建活动
  - 举行婚礼/寿宴/聚会/露营
  - 旅游配套休闲/娱乐/餐饮/住宿服务

■ 市场定位

□ 人群来源
游客（短期）的主要来源地即西安市，以半日游或者周末游的形式为主。
游客（中期）的主要来源地为陕西省范围，以民宿包月或者民宿包月的形式为主。

□ 经营定位
个体经营下的中高端休闲旅馆

□ 经营方式
子于西村本地人经营：家庭宅基地自建主体建筑＋自租集体用地修建休闲娱乐项目

人群的主要感受是自由、闲逸、服务全面、充满野趣；人群的未来需求是要多元细化的针对性服务以及丰富、异化的空间体验。

- 外部现状
- 外部现状

■ 建筑分析

□ 功能分析
- 三层平面图
- 二层平面图
- 一层平面图

图例
- 交通空间
- 公共空间
- 景观空间
- 餐饮空间
- 住宿空间
- 会议空间

□ 流线分析
- 三层平面图
- 二层平面图
- 一层平面图

图例
- 工作人员
- 度假人群
- 团建人群

大番山庄现状各层功能明确，流线清晰；空间品质低，体验感不强，动静未分区。

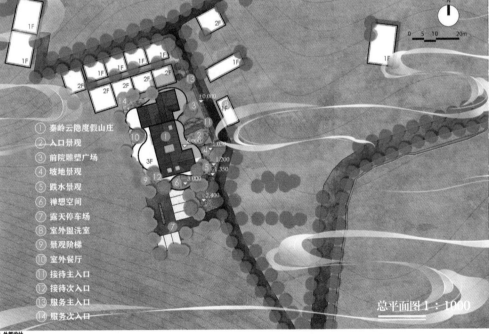

① 秦岭云隐度假山庄
② 入口景观
③ 前院雕塑广场
④ 坡地景观
⑤ 跌水景观
⑥ 禅想空间
⑦ 露天停车场
⑧ 室外盥洗室
⑨ 景观阶梯
⑩ 室外餐厅
⑪ 接待主入口
⑫ 接待次入口
⑬ 服务主入口
⑭ 服务次入口

总平面图 1：1000

■ 设计说明

□ 主题
秦岭云隐度假山庄

□ 定位
高端概念式度假山庄

□ 概念
日落之处，云隐假山，隐逸之府，净土禅原。

□ 感受
依山傍势，遥座两岭，聚落而成。它汲取、轻松、轻松而平和、追求安逸灵动的情怀，重现古拙苍劲的气象。推崇自然灵动的意境，以平和自然代管居那般风，以淡雅素朴竹管地叙意象。文雅便捷、养宁随意，原土山岳山民房，质朴出尘。设计于自然灵动之境，对人在场地和建筑中的视线进行设计，将人工与自然关联起来。营造"在在摄笼墨，望得隐自然"的造山居展开风。

□ 设计手法及原则
1.建筑形态、立面、构配物等装置模拟云霞形态。
2.设计建筑物时，以凝散物保护梯状台地的地形态为基础、利用地形局最适度空间物。
3.将自然景观引入建筑空间内，对人在场地和建筑中的视线进行设计，将人工与自然关联起来。

■ 未来人群

□ 人群描写
老少、男、女、45岁、作家、对传统文化越来越研究、中意乡村，向往恬静的田园生活、向往慢性调一个安恬逸、受自然、欢妆写诸。

- 游客（中期）

■ 未来市场

大众市场→高端市场

■ 色彩、形式、材料

- 色彩
- 材料
- 形式

■ 建筑分析

□ 功能分析

□ 流线分析

图例
- 交通空间
- 公共空间
- 景观空间
- 餐饮空间
- 住宿空间
- 服务空间

图例
- 工作人员
- 度假人群

■ 外部设计

□ 人行交通

□ 景观视线

□ 车行交通

□ 配套服务

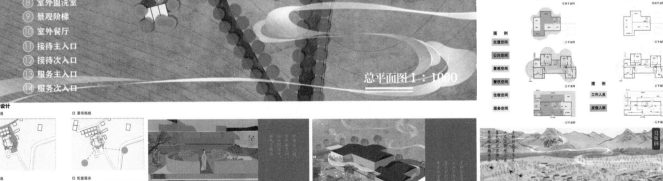

城乡规划学
郝嘉璐

　　一开始，我对乡村规划的了解甚微；随着课程的推进、反复去往现场的调研感受以及设计的深入，杜角镇村，乃至中国乡村的面貌和处境愈发清晰。考虑到生态文化战略的大环境，乡村应该怎样与城市的现代化发展接轨，同时如何保有自己的特色，不同的学者给出角度各异的推演，实干家们更是用乡村试点的实践试图展示未来乡村的面貌。这里我们给出的答案是精明发展：存量，同时提质，在外力的支持下更多鼓励乡村自我再生和振兴。人生人逝，人往人来，无论是什么规划，都应该落于土，起于人，这是我的另一个感受。

　　在人生走到一个转折点的时刻，非常幸运地遇见了乡村规划这个题目，遇见了一群谆谆提点的老师和志向投契的同窗。大学五年的幕布缓缓落下，而未来可期……

城乡规划学
邓鹏飞

　　选择四校乡村毕业设计是因为我自己来自农村，也曾试想过农村的出路何在？看完费孝通先生的《乡土中国》更觉得乡土的社会组织和文化本身有它迷人的一面。即使受到现代化的冲击，乡村生活本身蕴含的闲适氛围和熟人社会给人的亲切感仍然令人向往。

　　在整个毕业设计过程中也学到很多，特别是明确了两个核心点。即运用当下的资源、机遇为村庄寻找富裕之路、现代化之路是乡村规划主旋律。在这个过程中，培养村民的现代化意识（通过具体的建造和经营）则是根本。除此以外，传承保护乡村文化，留住乡愁也应是每一位乡村工作者应该重视的内容。

城乡规划学
肖　静

　　漫长而又短暂的五年大学生涯即将结束，匆匆时光里总有一些值得记忆与回味的时刻存在并深深留下烙印，毕业设计选择了乡村四校联合毕业设计是何其幸运。

　　在我徜徉书海查找资料的日子里，最难忘的是每次找到资料时的激动和兴奋；在亲手设计平面图的时间里，记忆最深的是每一步小小思路实现时那幸福的心情。这段旅程看似荆棘密布，实则蕴藏着无尽的宝藏。

　　在这次毕业设计中，同学之间互相帮助以及共同面对压力和寻找动力的共鸣感，使得我们彼此的心越拉越近。最后很感谢我的指导老师们，老师的严谨治学态度、渊博的知识、无私的奉献精神使我深受启迪。他们不顾劳累与辛苦为我们争取时间和利益，为我们讲解毕业设计需要调整和修改的方向。我相信，在以后的成长道路中我一定会铭记这次毕业设计带给我的每一份欢乐与汗水，将它们绘制成只属于我的画卷。

城乡规划学
薛钰欣

　　通过此次毕业设计，我不仅把知识融会贯通，而且丰富了大脑，开拓了视野，使自己在专业知识方面有了质的飞跃。毕业设计是我作为一名学生即将完成学业的最后一次作业，它既是对学校所学知识的全面总结和综合应用，又为今后走向社会的实际操作应用铸就了一个良好开端。通过这次毕业设计，我明白学习是一个长期积累的过程，在以后的工作、生活中都应该不断地学习，努力提高自己的知识水平和综合素质。感谢同学们给我的帮助。在设计过程中，通过与同学交流经验和自学，并向老师请教等方式，使自己学到了不少知识，也经历了不少艰辛，但收获同样巨大。

城乡规划学
贺振萍

　　五年的学习生活转瞬即逝，回首相顾，是美好、经历、成长与感动。这五年，难忘灯火通明的专教与宿舍，难忘一次次的专业调研与精雕细琢的设计方案修改，难忘城乡规划系代代传承的匠人精神。感谢在最好的年华遇见西安建筑科技大学，遇见规划专业。感谢城乡规划专业这五年对我的磨炼与考验。

　　一学期紧张的毕业设计就要画上句号了，乡村也给我带来了新的思考。乡村是起点，也是终点，怀着敬畏之心去面对乡村，面对每一件物、每一个人；从宏观考虑，从点滴做起，一起迎接明天的美丽乡村。同时，乡村的规划设计让我明白我们要避免城市理想主义，乡村的组织不同于城市，我们在设计中要增加自己的生活经验，设计要接地气。

风景园林学
许馨丹

　　真的很高兴选择了这个毕业设计，这是第一次跨专业和其他同学一起完成一个设计，最开始很忐忑，不知道自己能不能融入，同时又有点兴奋，选择乡村规划，尝试新的一步，一步步走下来，不管学业还是友谊，都收获良多。悠悠终南山，脉脉乡村情，祖国还有广大的乡村地区被裹挟进城市化的浪潮，寻不到出路，又不甘心就此消亡，或许，我们该背负起帮助乡村融入城市化发展、跟紧时代脚步的责任。一人力量虽薄弱，但星星之火可以燎原。希望自己可以尽一份责任，勇于踏出舒适圈，敢于挑战，怀着一颗赤子之心，走出半生，归来仍是少年。

西安建筑科技大学　引山连城，精致杜角

灵动长安·千年子午

青岛理工大学 Qingdao University of Technology

参与学生： 杨龙耀　谢歌航　于卓立　秦士彬

指导教师： 刘一光　王润生　朱一荣　王　琳

教师释题：

　　子午西村位于陕西省西安市长安区秦岭北麓，南靠秦岭，北倚长安，西邻滦镇街道鸭池口村，东邻子午镇村，北邻张村，南依秦岭，处于子午大道南段，环山公路的南侧，出子午古道（子午峪）后的第一个村落。一句"一骑红尘妃子笑，无人知是荔枝来"使子午古道扎根于人们的记忆，子午西村因子午古道而生。随后王姓、李姓、肖姓居民在此定居。始于汉代兴于唐朝的子午峪口，随着秦岭子午峪保护总站的建立更加出名。

　　随着长安县撤县划区，子午西村迎来了重要的发展机遇。关中环线子午大道大大改善了子午西村的交通条件，拉近了与西安市区的距离，另外西安市的各项发展规划，美丽乡村、乡村振兴措施的实施，基础设施和公共服务设施的建设，优化了子午西村的人居环境。但是由于农村基础较弱，经济社会发展缓慢，产业结构失衡，子午西村优化提升的任务较重。同时考虑到其秦岭北麓的特殊位置，子午西村面临着生态环境保护与发展的矛盾。由于农村青壮年劳动力外出务工，造成空心村，留守儿童和老人的生存保障以及文化的传承与利用问题都需要在本次乡村规划中予以重视。

　　本次规划的主题为"终南山居"，着重考虑三个方面的问题。第一方面，城乡视角下子午西村如何融入西安都市圈，以城市资源反哺乡村发展，以乡村资源助力城市前行。第二方面，文化传承视角下如何将子午西村内生文化优势与村庄经济发展巧妙结合。第三方面，位于秦岭生态保护区的子午西村如何在保障生态环境不受破坏的前提下实现村庄发展。因此，本规划应致力于为子午西村寻求一种合适的发展路径，既能抓住机遇融入西安都市圈，又能实现历史文化的传承与保护，并以生态保护融入乡村振兴，闪现未来乡村振兴新亮点。

终南灵秀·千年子午

基于自然山水与幽居游嬉有机结合的杜角镇村规划

在严格的秦岭保护条例下，依靠秦岭自然山水环境赖以生存的村民，他们未来的出路在何方？作为乡村规划师，设计师的我们应将设计带入乡村，为乡村的发展提供观念、技术支持。本次规划设计的重点是围绕长安区子午街办杜角镇村面临的生态保护与乡村发展，乡村如何融入都市圈，支撑国际化大都市的发展战略，乡村现代化与传统文化传承的三大挑战，立足于扎实的田野调查与现状分析，明晰长安区子午街办乡村发展面临的现实困境，提出针对性的策略、方法，针对子午西村提出基于自然山水与幽居游嬉有机结合龙井村庄规划的村庄规划设计。

研究框架

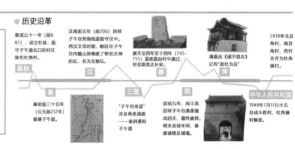

背景分析

区位分析

· 西安市——西安地处关中平原中部，是国家明确建设的3个国际化大都市之一，国家中心城市，全市辖11个区、2个县。

· 长安区——辖16个街道、232个行政村、84个社区。

· 杜角镇村——位于长安区中部，子午街道西部，处于子午大道南段，环山公路的南侧，出子午古道(子午峪)后的第一个村。

● 上位规划

· 把秦岭作为国家中央公园来打造，不搞大开发，齐抓大保护，使秦岭北麓成为绿色经济带、旅游休闲带、生态大屏障、城市大花园，重回"悠然见南山"的田园生活。

· 子午西村位于南部自然和人文景观保护带，此区域村落发展优势明显，拥有丰富的秦岭的自然景观和古道文化的人文景观，需要对建设活动进行严格管理控制。

● 历史沿革

现状认知

● 自然资源

■ 宏观山水格局

子午西村位于秦岭北麓子午峪口，地处秦岭生态环境保护范围内建设控制地带，处于子午古道的北侧出口的地理位置更使村庄成为秦岭北麓生态边界的重要节点。

■ 气候条件

子午西村位于秦岭山地温润气候区，夏季炎热多雨，最热为7月，平均温度26.4℃；冬季寒冷干燥，最冷为1月，平均温度为零下0.7℃。四季分明，冷暖适宜，适合于各种农作物的生长。

■ 土壤条件

子午西村地处秦岭山前洪积扇地带，其南部为半山坡地，适宜栽种果树，盛产桃、杏、李、柿子、樱桃、葡萄、猕猴桃等水果。

● 历史人文

物质文化资源

非物质文化资源

● 土地与人口

土地现状

人口结构构成

人口性别构成　　流出常住人口比例　　受教育情况

● 产业与经济

产业发展历程

● "靠山吃山，靠水吃水"——20世纪村内产业十分单一，依靠种植蔬菜、樱桃树、杏树，村集体基本无集体收入，村民收入微薄。

● 原有农田已被大量征用和承包，仅在村落周边留有少量自留地。村民面临无地可种的困境。

● 村内产业结构发生较大改变，个体、商业、住宿和餐饮服务业蓬勃发展，第三产业逐渐发展，大量青壮年外出打工。

经济发展现状

第一产业：农业、林业

第二产业：无

第三产业：住宿和餐饮业、零售业

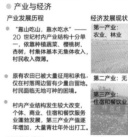
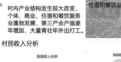

村民收入分析

家庭收入分析

● 村庄建设

■ 村庄聚落空间演变

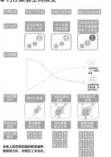

■ 道路交通

道路问题
1.系统性差，宽窄不规范，覆盖面不大，交通死路较多。
2.部分道路路面不平整，路面较窄，错车困难。
3.道路绿化缺乏管理。
4.缺乏步行空间和骑行空间。
5.缺乏夜间照明，影响晚间行车安全。

■ 建筑院落
街巷空间尺度

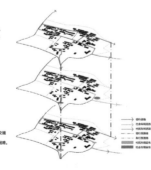

主街两侧街巷空间　　二层住宅街巷空间　　村内未硬化道路

居住条件分析

关中建筑形式

"陕西八大怪"、"房子半边盖"
"深宅、窄院、封闭"是关中传统民居的主要特点。南北长东西短的布局方式，能最大限度地减少阳光的直射。建筑的单坡屋顶造型也满足了建筑的排水需求。

建筑层数

建筑年代

建筑材料与细部

屋顶采用本地的杉木微型框架系统，抬梁式屋架。
屋脊和屋檐使用双扣小青瓦覆盖。
建筑墙身多为土坯墙和土坯砖混合。门窗采用杂木。室内地面材料选用三合土夯筑地面。建筑台基采用花岗岩，防水防潮。

■ 院落形态分析

"一"字形　　窄院形

■ 建筑经典案例

选取子午西村建于20世纪八九十年代保存较为完好的两栋传统关中单坡屋建筑，对建筑平面布局和建筑结构进行分析。

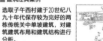

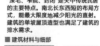

● 村庄基础与公服设施

规划策略

● 核心问题
■ 村庄现状发展存在的问题主要为**村庄生态维护、产业发展动力不足、文化品牌缺失以及村庄空间优化利用**四个方面。

生态环境

垃圾处理问题 →	没有垃圾处理厂 生活垃圾需要现场焚烧
宅间绿地混乱 →	居民自己种植蔬菜 种植绿植品种单一
居住环境较差 →	生活场所老旧 地面浮尘严重
生活用水问题 →	子午西村无干净用水 需要人工打水

文化振兴

文化标志衰弱 →	无特色文化产业 未弘扬突出文化标记
文化传承较差 →	文化宣传较差 文化遗产流失
未利用厚重文化底蕴 →	厚重历史文化无人知晓 未进行文化宣传
文化遗产损毁严重 →	老旧遗产因发展被损坏 未建立文化遗产保护机制

产业发展

缺乏主导产业 →	第一产业不明确 第三产业未形成规模
农田利用低下 →	存在大量荒田 土地归属问题凸显
产业丰富度低下 →	只有第一、第三产业 以农产品和商店为主
劳动就业率低 →	大量劳动人口流失 人口老龄化严重

空间利用

空间整合混乱 →	自然村缺乏独立公共服务设施 公服集中于南豆角村
配套设施不完善 →	自然村缺乏必要配套设施 不能满足日常生活需求
废弃土地荒置 →	土地闲置环境差 未能充分利用土地资源
村间道路不通达 →	子午西村通达性差 各村间缺乏连接

● 策略目标

策略生成 ········ 规划目标

■ 乡村振兴下的乡村治理

稳步振兴

安居乐业

■ 风土再造下的人居环境微改造

发展创收

■ 乡村针灸理念下的产业发展

发展创收

● 分项对策

产业升级 — 经济发展
子午主题
生态杜角
文化品牌
体验旅游
聚落空间

文化提升

生态修复

空间更新

村落定位

北豆角村·门户
杜角镇村第一站，是整个村域的门户。
南豆角村·文脉
丰富的历史文物资源，打造村域的文旅核心。
子午西村·龙脉源泉
作为秦岭山水渗透到村庄的第一站，村域龙脉的源泉，利用厚实的自然风光和文化底蕴，将整个村带动起来，形成完整的旅游产业链。

● 村域土地利用规划

用地代码		用地名称	用地面积	占村村用地比例

● 村域道路交通规划

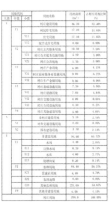

步行骑行综合道

步行骑行分行道

人行车行并行道

—— 国道及省道
—— 城市主路
—— 普通道路
⊞ 停车场
⊕ 公交车站

● 村域规划结构

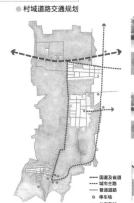

作物种植采摘片区
村庄发展带
生态种植连绵带
新建动物园区
村庄居住区
村庄古道旅游区
板栗园区
村庄居住区

● 村域发展轴线规划

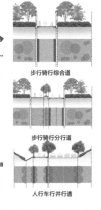

规划形成
一轴两带七片区
一轴
子午发展轴
两带
村庄发展带
生态种植连绵带
七片区
作物种植采摘片区
村庄农田种植片区
村庄居住区
生态休闲体验区
村庄古道旅游区
板栗园区
新建动物园区

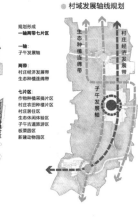

136

产业对策

● 优化子午原有产业
■ 村庄产业类型及优化

第一产业

■ 提升种植技术，建设特色农业
- 根据村庄特色产业，如杏树、樱桃、草莓、子亩板栗园等，适当退耕还林，修复生态，建设特色农业
- 引进人才和新的种植技术，提高村民的水平和技术，降低生态破坏，增加村民收入
- 加强山林安全管理，保证村民和种植园区的安全

■ 调整种植格局，提高土壤肥力
- 合理调整农、林用地比例，改善气候条件，维持生态平衡
- 秸秆还田，利用有机肥，改善土壤肥力，提高农作物产量

第二产业

- 暂无，因生态环境保护的要求，需要控制污染排放量，目前没有工厂的建设
- 手工业：利用编笼和火绳，打造特色工艺品，带动手工业发展

第三产业

■ 整合第三产业，展现子午特色
- 结合子午峪旅游产业优势，大力发展乡村旅游经济，开展农家乐和民宿，集中规模化经营
- 结合当地樱楼、草莓、板栗、杏树等农作物的特点，建设乡村特色旅游采摘园，开放式种植，吸引更多游客前来体验，寻求新的经济增长点

● 完善子午旅游产业链
■ 村域旅游总体定位

旅游资源 + 旅游市场 → 旅游定位

秦岭休闲农业与子午文化结合
打造休闲康养文旅特色村

■ 村域旅游空间规划

点 线 面

● 构建协作发展机制

股份制经营，共同富裕
对未来市场反应较好的休闲农家乐游业、种植园等实行股份制村民自主入股，为企业提供资金支持，同时促进村民共同富裕。

村民入股共同富裕

形成区域联动模式：
未来带动周边村庄，向杜角镇村产业提供物质资料以及劳动力服务，为周边村庄提供工作岗位，形成区域联动发展模式。

■ 村域旅游时节规划

春季主要以爬山、问道、春游、赏花等活动为主。

夏季主要以秦岭山下子午峪避暑、果凉、隐居度假、亲子休闲为主。

秋季主要以品尝当地特产美食、参观种植园、果采采摘等活动为主。

冬季以特色庙会、文化养生活动为主，包括古道爬山、春节上善等活动。

文化对策

● 活化历史文化资源
■ 保护文化资源完整性
古城楼、杜公节、秦岭子午峪保护总站，金仙观
1. 法治规范，切实保障杜角镇村历史文化的存在环境
2. 加强调研，全面掌握子午文化的存在现状
3. 综合利用，完善子午文化的存在方式

文化资源现状

■ 更新潜力历史文化空间
更新对象：**镇水龙王庙、干砌石拱桥**等
1. 标志已消失的文化空间
空间重塑、历史标识、改造为其他公共功能
2. 唤活无活力的文化空间
生态改造、设施完善、可达性提升

文化资源更新

● 打造村庄文化名片
■ 空间——传统文化符号强化与弘扬

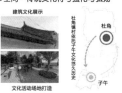

建筑文化展示

文化活动场地打造

■ 时间——提高传统民俗活动连续性

春 夏 秋 冬
子午文化民俗活动 子午文化节 金仙观问道 子午春节庙会活动

■ 挖掘文化因子
挖掘村内文化因子，作为发展潜力点，用文化触媒因子提升村民对村庄文化的认同感，激活空间

山 水 田 古道

■ 活化文化符号
对于提炼出来的文化符号，我们既要在历史生长语境里了解她，又要在发展中解读她的新内涵，探索新价值

村庄文化推广 发布周边文化 策划节庆活动

生态对策

● 构建生态格局

■ 明确底线管控，划定三级保护区

保护生态本底，依据生态敏感性评估划定三级生态空置线——

一级保护区：严格禁止建设范围

二级保护区：严格限制建设范围

三级保护区：限制建设范围

三级保护区
二级保护区
一级保护区

■ 构建"一道，一带，一山"的生态格局

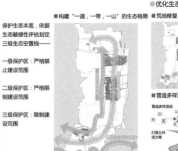

● 优化生态本底

■ 荒田修复

针对贫瘠坡地，进行退耕还林、基地改良、山体复绿；因坡而异进行山体修复，活化荒地功能。

■ 营造多样活动，打造公共活动带

营造多样活动

打造公共活力带

■ 河道修复

河道水质治理，沿岸资源利用

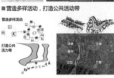

● 提升村庄韧性

■ 防风林建设

豆角村缓坡植被被破坏，难以抵御狂风侵袭

南昌防风林　　北京防风林

■ 水土保持

退耕还林，恢复生态植被利用换皮，适当营造自然美景

在子午西蛤口河水的冲刷下，孕育了子午西文明，而长时间的水土侵蚀对子午西村的水土保持有严峻的挑战。

风害较小时可呈"回"字形种植；风害较大时，建设呈菱形种植。

树种选择抗风性能强、根系发达，结合西安的气候特征，以沙枣、柠条等为宜。

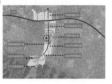

村庄建设对策

● 构建道路交通网络

■ 疏通道路体系

结构优化，完善路网	道路升级，路网加密	人车分流，安全出行

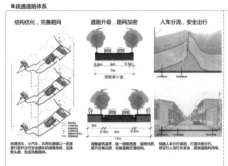

■ 优化公共交通

路线规划，站点优化	增加配套，疏导交通	完善慢行，绿色出行

■ 保障道路安全

理顺排水，路基安全	亮化系统，夜间出行	摄像系统，行车安全

● 完善基础服务设施

■ 修正排水系统

整治沟渠，清理系统	改善排水，分类处理	纳入城镇，系统处理

■ 增设环卫设施

公厕建设，村容维护	美便处理，能源利用	垃圾分类，循环处理

● 优化公共活动空间

■ 开放性公共空间规划

景观线改造
功能更新
建筑完善
景观完善

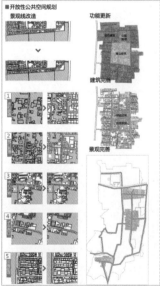

■ 内部生活性公共空间规划

潜力空间挖掘
空间类型归纳
空间功能定位
村口
古建
入户

■ 文化游览性公共空间规划

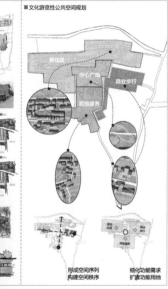

形成空间序列，构建空间秩序
细化功能需求，扩建功能用地

● 构建和谐宜居社区

■ 提升居住环境品质

控制风貌 改善品质

根据建筑历史演进和现存状态、建筑聚集特征，将村落居民点分为三个风貌控制区：
20世纪土屋为核心的核心保护区
1990—2010年代现代民居为重点保留区
新建住宅为风貌协调区

改造建筑 提高人居

针对村庄建设现状和人口结构，未来居住模式大概分为四类：

留守儿童和空巢老人院落
多代同居院落
沿主街的商住混合院落
闲置院落改做民宿

潜力空间挖掘

建筑色彩引导
屋顶颜色以青灰色为主，墙面以土黄色、暖灰色、石白色等颜色为主；门窗宜呈现深褐色，或者采用低明度的土黄色为主导颜色呈现关中审美。

建筑材质引导
推荐使用夯土、木材、青瓦或石墙；避免使用混凝土、瓷砖贴面、涂料、有色彩钢板。

建筑细部引导
以传统的木质门窗为主；屋顶以传统的单坡屋顶为主，局部可以做平屋顶。

构建和谐社区

确定生活需求

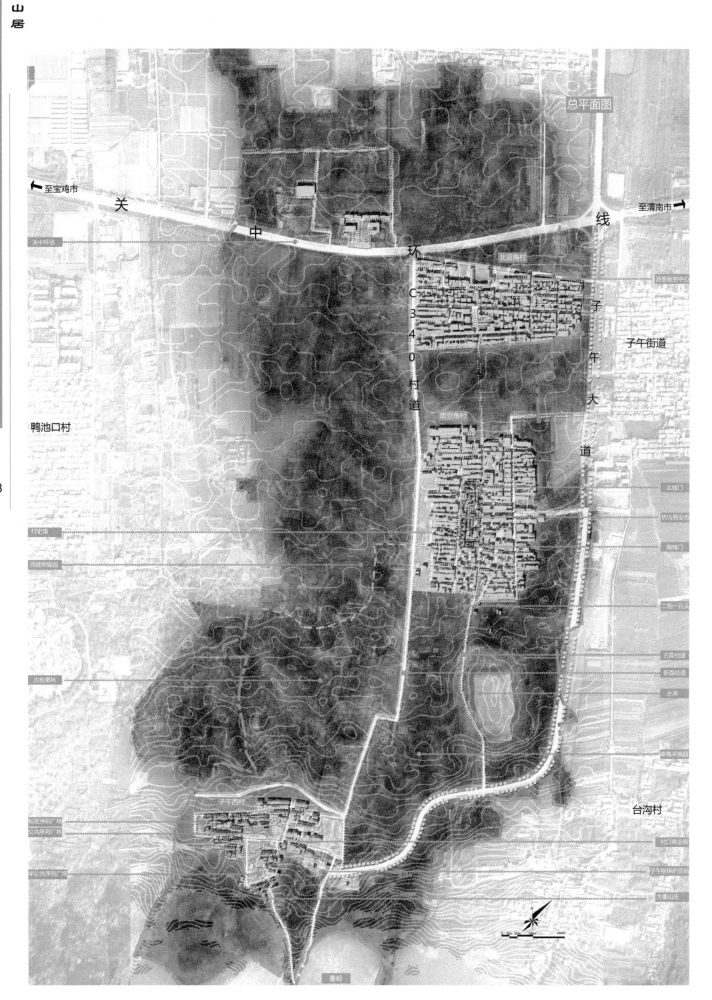

总平面图

至宝鸡市

关 中 环 线

至渭南市

关中环线

北豆角村

C340村道

游客服务中心

子午街道

子午大道

鸭池口村

南豆角村

北城门

村史馆

仿古商业街

待建熊猫园

南城门

二柏一石头

古板栗林

古善校道

新善校道

水库

子午西村

私密序列广场

公共序列广场

半公共序列广场

村口商业街

子午峪保护总站

大秦山庄

台沟村

秦岭

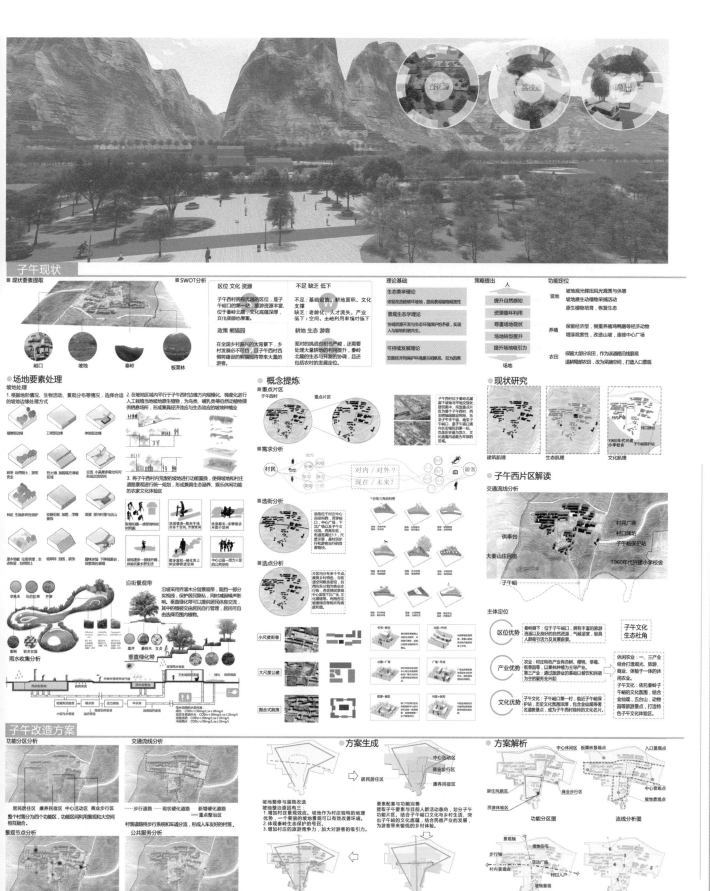

子午现状

■ 现状要素提取

峪口 坡地 秦岭 板栗林

■ SWOT分析

区位 文化 资源
子午西村拥有优越的区位，是子午峪口的第一站，旅游资源丰富，位于秦岭北麓，文化底蕴深厚，真正是资源也厚重。

不足 缺乏 低下
不足：基础设施、耕地面积、文化支撑
缺乏：老龄化、人才流失、产业低下、空间、土地利用率偏时低下

政策 熊猫园 游客
在全国乡村振兴的大背景下，乡村发展不可回避，且子午西村西侧拟建设的熊猫园将带来大量的游客。

耕地 生态 游客
面对的挑战也相当严峻，还需要处理大量耕地的利用提升，秦岭北麓的生态与开发的协调，且还包括农村的发展定位。

理论基础
生态美学理论
修复改造破坏环境，提高景观游憩性
景观生态学理论
协调资源开发与生态环境保护等矛盾，实现人与场地和谐共生。
可持续发展理论
发展经济同保护环境息息相利联系、互为因果

策略提出
提升自然感知
资源循环利用
尊重场地现状
场地转型提升
提升场地吸引力

功能定位
坡地 坡地景观梯田风光观赏与休憩
坡地康养生动植物采捕活动
原生植物培育，恢复生态
养殖 保留经济性，侧重养殖鸡鸭鹅等经济动物
增添趣味性，改造山坡，连接中心广场
农田 保留大部分农田，作为沿路路谷地景观
退耕周部休田，改为采摘空间，打造入口景观

场地要素处理

坡地处理

1. 根据坡地情况、生物活动、景观分布等情况，选择合适的坡地边缘处理方式

2. 在坡地区域内平行于子午西村边缘方向梯级化。梯级化进行人工雕琢当地坡地原生植物，为乌类、猪只等自然动植物提供信息场所，形成兼具经济效益与生态效益的坡地种植业

3. 将子午西村内高度的坡地进行功能置换，使得坡地与村庄道路景观进行统一规划，形成集具生态养、娱乐休闲功能的农家文化体验区

概念提炼

■ 重点片区

重点片区

■ 需求分析

村民 对内/对外? 现在/未来? 游客

选街分析

选点分析

小尺度街巷

大尺度公建

沿街景观带

沿街采用乔灌木分层搭配种理，阻挡一部分实现遮光，保护居民内部隐私，同时减弱噪声影响。垂直绿化可以便居民社体系交流，右中的植被空间由居民自行管理，居民可自由选择范围内植物。

重直绿化带

雨水收集分析

现状研究

建筑肌理 生态肌理 文化肌理

子午西片区解读

交通流线分析

供奉台 村民广场 村口牌坊 子午峪保护站
大秦山庄民宿 1960年代兴建小学校舍
子午峪

主体定位

区位优势 秦岭脚下：位于子午峪口，拥有丰富的旅游资源及良好的自然资源，气候适育，极具人群吸引力及发展前景。

子午文化生态杜角

产业优势 农业：村庄特色产业有石榴、樱桃、草莓、板栗等等，以果林种植业为主要产业，第二产第三产业则通过旅游产业的餐饮和民宿为方面的服务业兴旺。

休闲农业、一三产业结合打造观光、旅游、商业，体验子午峪口的休闲农业。

文化优势 子午文化：子午峪第一村，临近子午峪保护站，历史文化底蕴深厚，结合金蛤蟆园、五台山、动物园等游游景点，打造特色子午文化体验。

子午峪：依托秦岭子午峪的文化氛围，打造特色子午文化体验。

子午改造方案

功能分区分析

居民居住区 康养民宿区 中心活动区 商业步行区
整个村庄分为四个功能区，功能区间的景观和大空间相互融合。

交通流线分析

步行道路 现状硬质道路 新增硬质道路 重点整治区
村落道路将步行系统与车道分流，形成人车友好的村落。

公共服务分析

便民商店 公共活动场所 卫生所 变电站
将公共服务设施完善，形成合理的服务空间。

景观节点分析

主要景观节点 次要景观节点 景观轴线
景观节点间利用植被、高差、空间塑造等手法将人流导向贯穿整个村落、便捷将活跃起来。

方案生成

中心活动区 商业步行区 居民居住区 康养民宿区

坡地整修与道路改造
坡地整治原因有三：
1.增加村庄景观改造，一个美丽的坡地景观，可以有效改善环境。
2.体现秦岭生态保护的号召。
3.增加村庄的旅游竞争力，加大对游客的吸引力。

要素配套与功能完善
提升子午要素与目前人群活动动向，划分子午峪口文化片区。结合子午峪口文化与乡村生活，突出子午峪的文化底蕴。结合民宿产业的发展，为游客带来输俭悦的乡村体验。

肌理生成与高度变化
结合现状建筑及规划结构布置建筑，丰富游行路径与公共空间，同时结合地形与观景要求，加以高度的变化，丰富地块变化。

轴线建立与空间过渡
片区间通过视线轴线与绿地视线功能的结合与转换，与南部中轴线连成，北部民宿轴线向北接秦岭，西部则通过绿带通廊进行视线过渡。

方案解析

中心休闲区 板栗林景观点 入口景观点
居住风貌区 中心景观点
民宿体验区 商业步行区 坡地景观点

功能分区图 流线分析图

景观轴 景观住宅 步行轴 村口入口
活动广场 坡地景观 村口内景观点

景观分析图 视线分析图

青岛理工大学 灵动长安·千年子午

子午总平面图

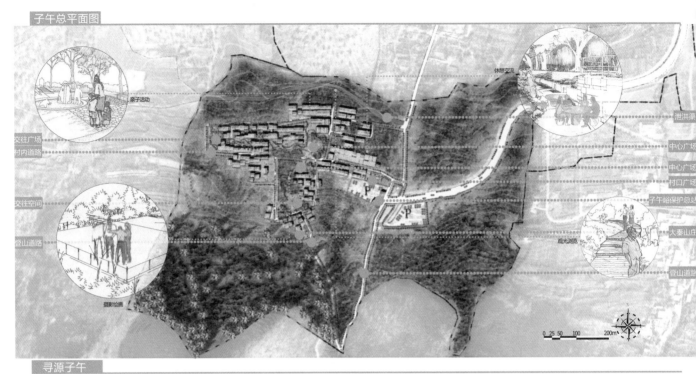

寻源子午

传承子午

营造子午

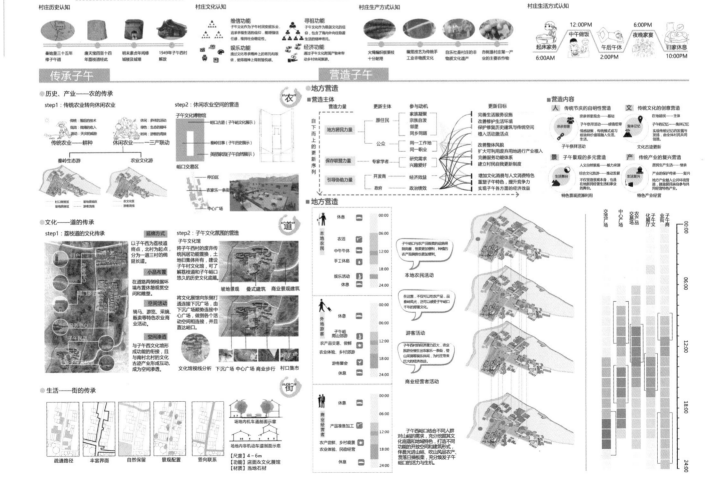

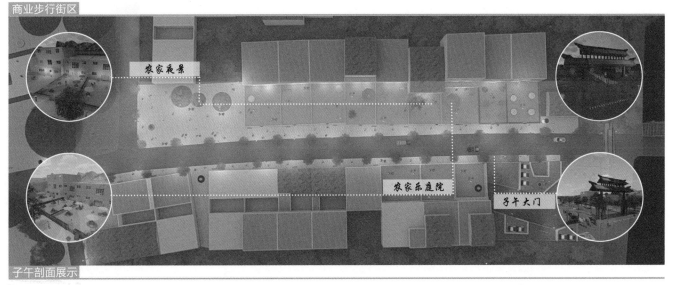

商业步行街区

农家夜景

农家乐庭院

子午大门

子午剖面展示

A-A剖面图

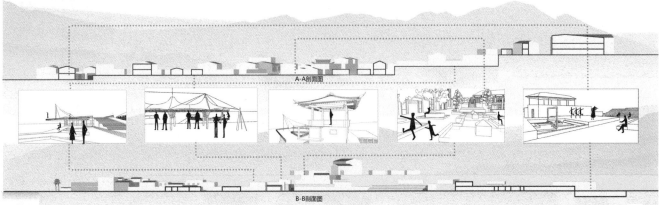

B-B剖面图

子午效果展示

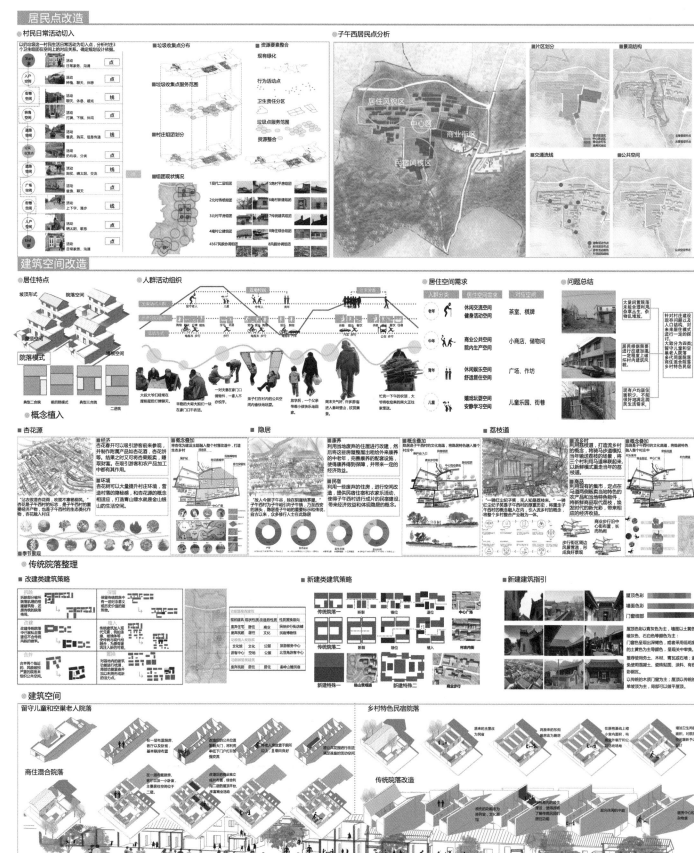

居民点改造

村民日常活动切入
- 资源要素整合
- 现有绿化
- 行为活动点
- 卫生责任分区
- 垃圾点服务范围
- 资源整合

■ 垃圾收集点分布
■ 垃圾收集点服务范围
■ 村庄组团划分
■ 组团现状情况

子午西居民点分析
- 居住风貌区
- 中心区
- 商业街区
- 民宿风貌区

■ 片区划分　■ 景观结构
■ 交通流线　■ 公共空间

建筑空间改造

居住特点
坡形形式　院落空间　屋顶空间　墙根空间
院落模式

人群活动组织

居住空间需求
人群分类　居住空间需求　对应空间

问题总结

概念植入
■ 杏花源　■ 隐居　■ 荔枝道

传统院落整理
■ 改建类建筑策略　■ 新建类建筑策略　■ 新建建筑指引

建筑空间
留守儿童和空巢老人院落　　乡村特色民宿院落
商住混合院落　　传统院落改造

城乡规划学
杨龙耀

联合毕业设计这三个月的经历，是我大学五年中最珍贵的一段回忆。回想这一段时间，在与其他学校老师、同学的交流学习中，获益匪浅，感触颇深。我认识了其他三个学校的很多优秀的同学并且成为了朋友。来自全国各地的师生聚在西安杜角镇村这个秦岭脚下美丽的村庄，一起探讨如何建设美丽乡村。在前期调研、中期汇报、设计方案、终期答辩的过程中，我培养了脚踏实地、认真严谨、实事求是的学习态度，以及不怕困难、坚持不懈、吃苦耐劳的精神，在困难面前理顺思路，寻找突破点，一步一个脚印地慢慢来实现自己的目标，相信这对我今后走向社会、走向工作岗位是至关重要的。最后感谢刘老师的精心指导让我们圆满地完成了这次毕业设计。

城乡规划学
谢歌航

匆匆五年，从浙江到青岛再到西安，每一次相遇我都格外珍惜。大学五年的时间里，城乡规划专业给予"无知"的我一把探索世界的钥匙，让我变得客观、求知，学会如何多角度地看待世界，让我对各地文化产生了浓厚的兴趣。而这次四校联合毕业设计带我领略了秦岭的巍峨，游走了西安城墙的厚重，眺望了大雁塔的高耸，游览了芙蓉园的醉美，体会了关中乡村的美丽，感受了人们的热情，最大的收获就是结识了四海的朋友，收获了最真挚的友谊。我受益匪浅，这让我坚定了决心与热情，将在未来人生路上坚定地走下去。

城乡规划学
于卓立

五年的大学生活已经临近尾声，自三月开始从青岛到西安，从城市到乡村，从滨海环境到秦岭生态，第一次真真切切地体会到乡村最深处的魅力。在子午西村，我们用脚步丈量村庄的每一寸土地，与村民积极交流互动，尽可能将自己作为生活在村庄的一份子，希望可以尽最大可能知晓子午西村的生活现状，希望可以探究子午西村最深处的文化魅力。本次乡村规划对参与团队提出了乡村如何融入都市圈、乡村现代化如何与文化振兴有机结合、生态环境保护如何与乡村发展相协调三个问题。在我们看来，这三个问题纵然是对于乡村发展的深层次思考，但是如何以最根本、最实际的方式改善村民的生活现状才是我们所希望的切入点。在许多大学将城市设计作为毕业设计的时候，能够实际参与乡村规划，走入中国最小的行政单元，以更深刻、更透彻的视角去透析乡村，将会是未来的宝贵回忆。

城乡规划学
秦士彬

从三月初的初期调研，到四月中旬的中期汇报，再到五月底的终期答辩，历时近三个月的村庄规划设计画上了圆满的句号。在这次规划过程中，我们不但深入了解了秦岭北麓典型村庄的风土人情，也通过与其他三个兄弟院校的交流学习收获了许多不一样设计思维、调研方法等，特别是指导老师刘一光老师的悉心指导，让我们更深刻地认识到规划设计的重要性。

四校乡村联合毕业设计，是各个学校相互交流、互相切磋的舞台，在整个学习过程中，我们得到了成长，收获了友谊，有着各自的成果。每一位联合毕业设计的师生都有着让人学习的地方。短暂的毕业设计结束了，但是漫长的专业学习才刚刚开始，毕业设计给我们画上了本科阶段的句号，又引出了未来生涯的破折号。祝愿大家在今后的学习、工作中继续成长。

联城·寻脉·康乐·问隐

华中科技大学　Huazhong University of Science and Technology

参与学生：施鑫辉　朱鑫如　覃丽学　袁菁菁

指导教师：任绍斌　王智勇　洪亮平　乔　杰

教师释题：

　　如何识别乡村发展存在的问题是乡村规划设计的前提。

　　面对西安市长安区子午街道杜角镇村这个研究对象，其发展的关键问题可以概括为三个方面：其一，作为秦岭国家自然保护区北麓的乡村，如何协调生态保护与乡村发展之间的关系尤为关键，此为发展的战略性问题。其二，作为关中地区历史文化资源相对富集的地区，在乡村现代化过程中如何促进传统文化的传承和利用，此为发展的策略问题。其三，作为大都市西安的近郊型乡村，如何应对都市化发展带来的影响，主动融入都市发展格局中，实现乡村振兴及城乡融合发展，此为发展的路径问题。

　　规划设计是促进乡村振兴的有效手段。因此，此次毕业设计必须结合研究对象面临的关键问题展开，以乡村振兴为目标，从乡村发展战略、发展策略及发展路径探索入手，开展专题研究、系统规划和详细设计。此外，应将我国乡村发展的普遍规律与研究对象的个性特征紧密结合，探索"终南山居"的本土发展模式及在地规划方法，进而为我国乡村发展及规划设计提供可以借鉴的样本。

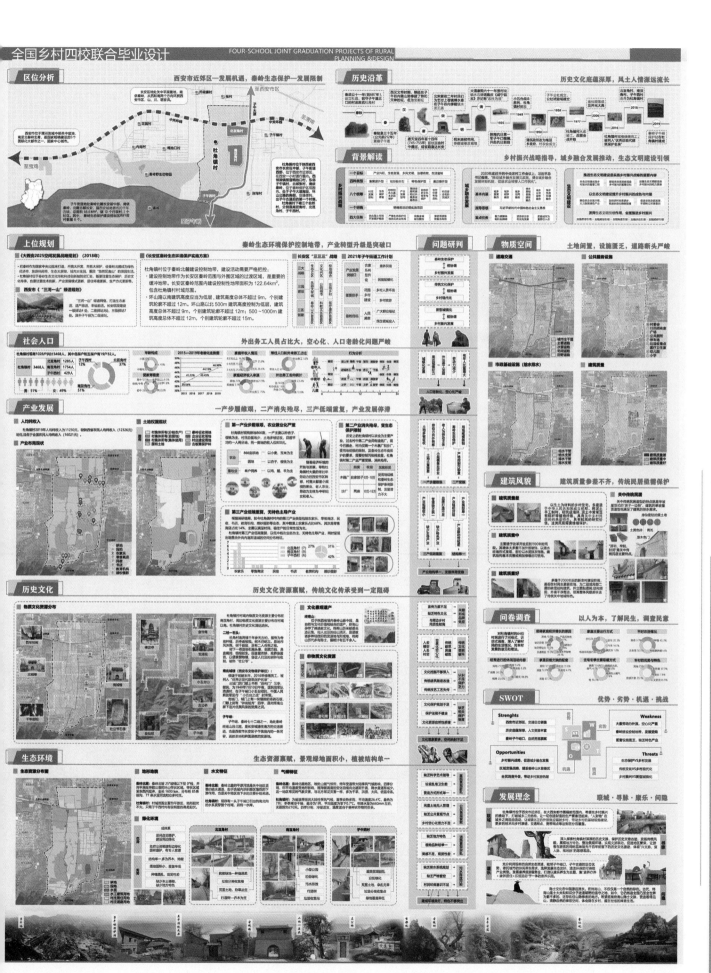

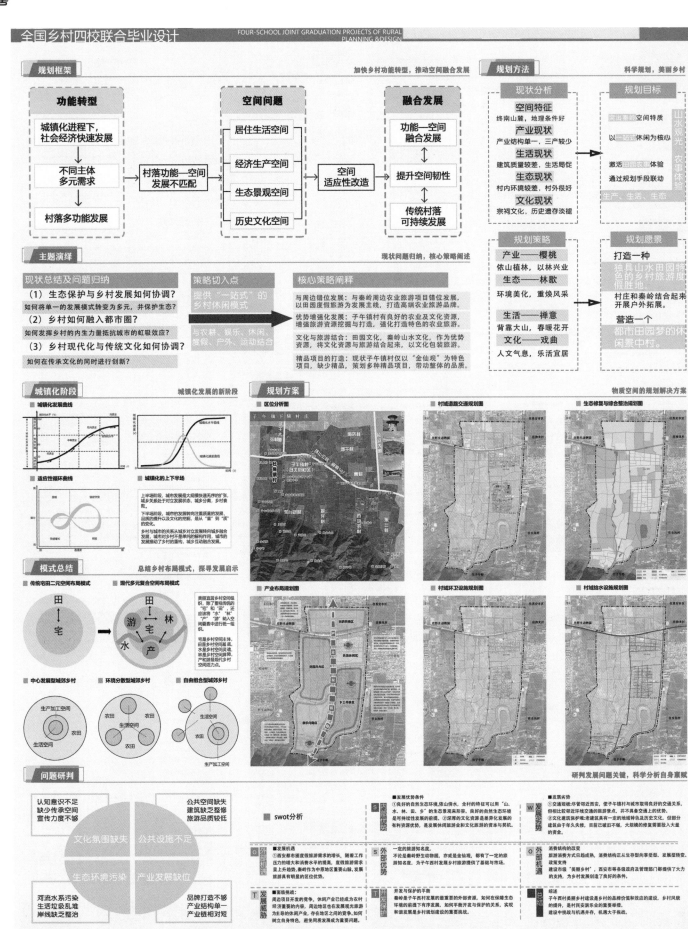

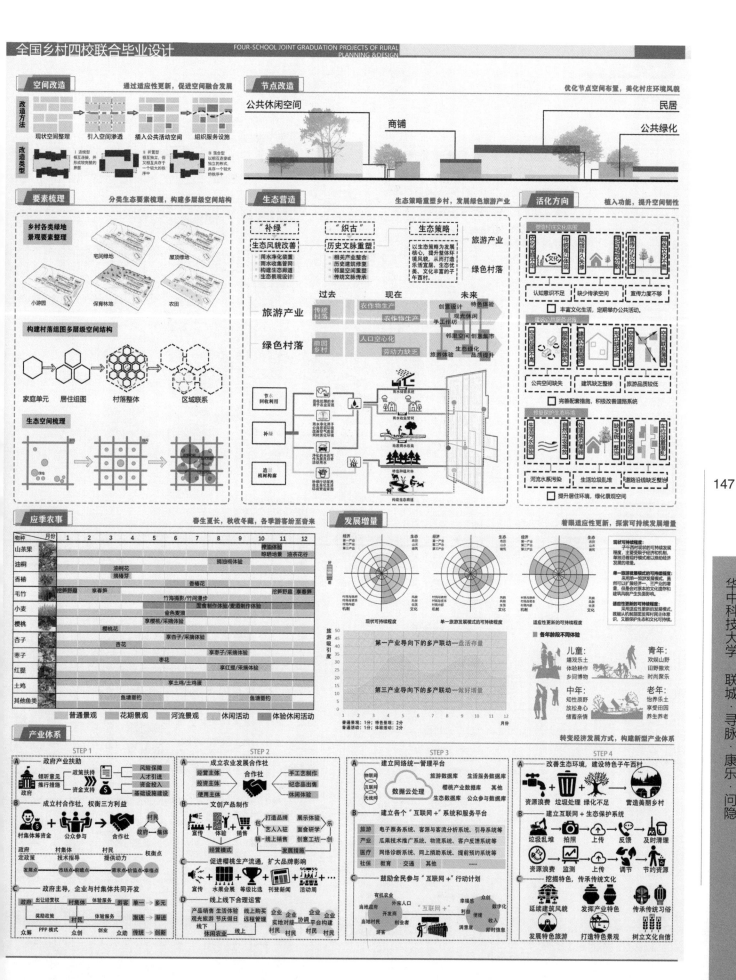

华中科技大学　联城·寻脉·康乐·问隐

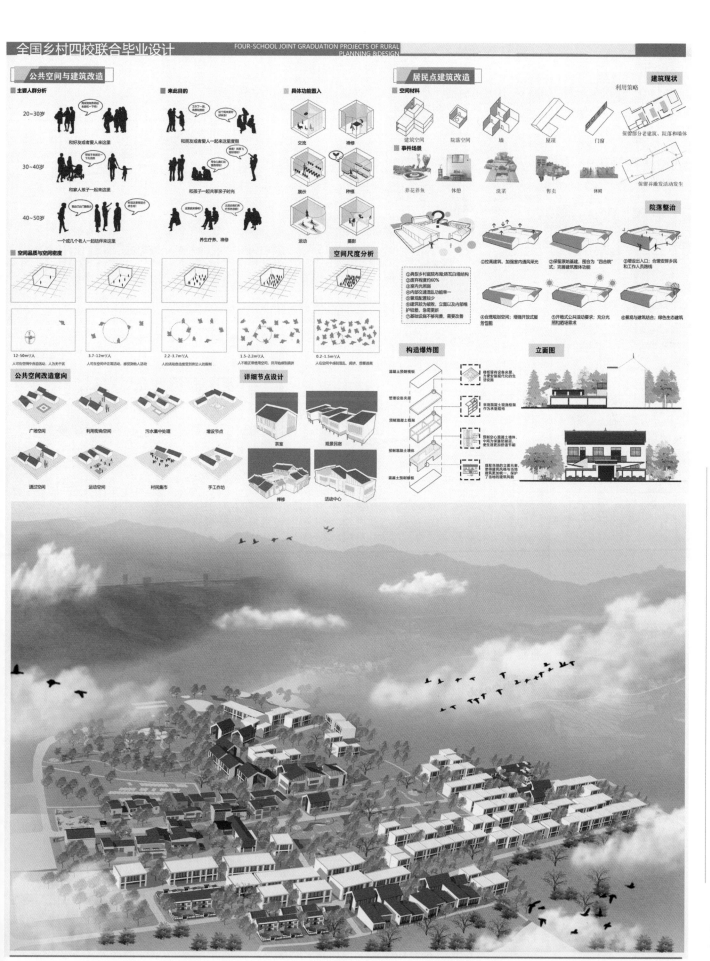

华中科技大学　联城·寻脉·康乐·问隐

终南山居

2021 城乡规划 建筑学与风景园林专业
四校乡村联合毕业设计

全国乡村四校联合毕业设计

FOUR·SCHOOL JOINT GRADUATION PROJECTS OF RURAL
PLANNING &DESIGN

150

入口节点

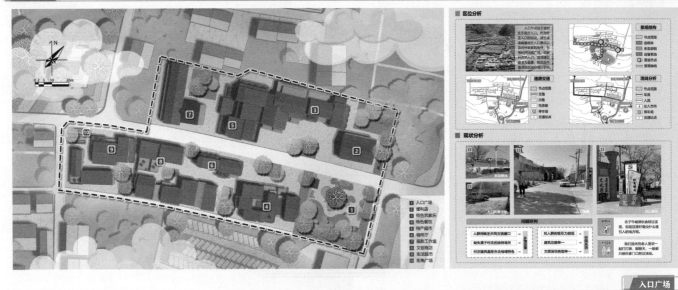

区位分析

景观结构

现状分析

问题研判

入口广场

设计策略

空间分析

子午街

建筑现状

建筑改造方法

空间分析

南立面图

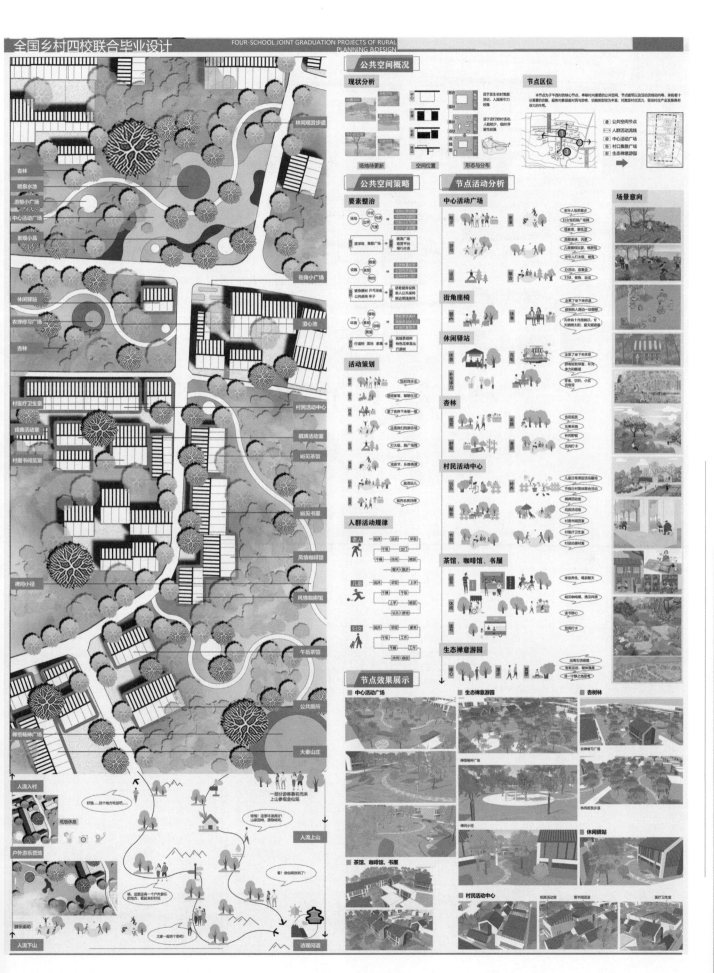

华中科技大学

联城·寻脉·康乐·问隐

152

全国乡村四校联合毕业设计　FOUR-SCHOOL JOINT GRADUATION PROJECTS OF RURAL PLANNING &DESIGN

节点放大图

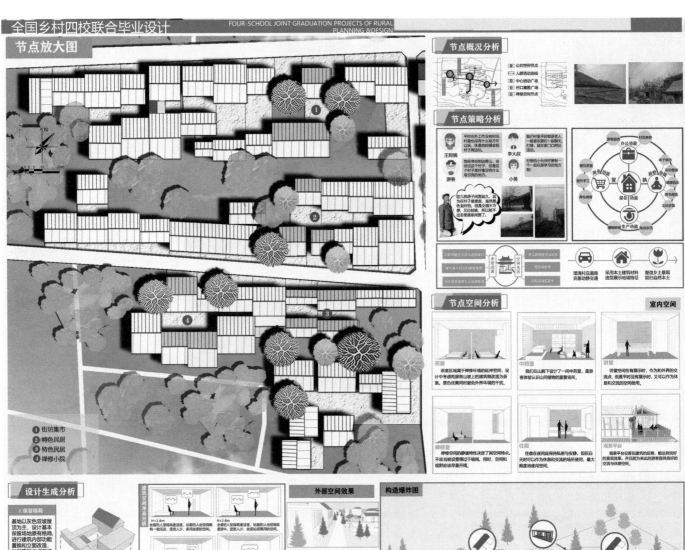

① 街坊集市
② 特色民居
③ 特色民居
④ 禅修小院

节点概况分析

节点策略分析

节点空间分析

室内空间

设计生成分析

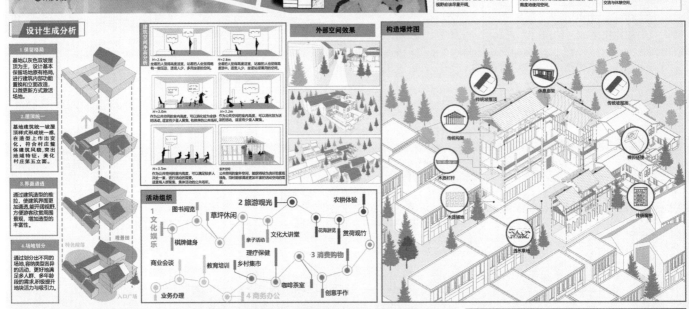

外部空间效果

构造爆炸图

活动组织

1 文化娱乐
2 旅游观光
3 消费购物
4 商务办公

院落空间图

院落空间图

入口广场图

城乡规划学
施鑫辉

　　这次四校联合设计与平时学校中的课程训练不同的是，能够和来自青岛理工大学、昆明理工大学、西安建筑科技大学的优秀学生一起合作、交流、学习，感受不同学校之间培养方式和教学习惯上的差别，在求同存异之间，互相取长补短，也是四校联合设计本身的目的所在。在前期调研、中期汇报和最终的答辩过程中，认识了一批有理想、有抱负的同龄规划人，感谢任绍斌老师的悉心指导以及包容我们的很多小问题，也感谢我们这个小组优秀队友们的凝聚力和执行力，让我们能够以一个圆满的结局顺利毕业。

城乡规划学
朱鑫如

　　在大学五年专业学习临近尾声之际，非常有幸能够参与到此次的四校乡村联合毕业设计中。从三月份的杜角镇村调研，到四月份的中期汇报，再到五月份的终期汇报，我们从西安到青岛，和老师同学们共同创造了一段难忘的经历，在调研中学习，在交流中反思，获益良多。

　　通过此次的乡村规划毕业设计，我们又一次走进乡村、直面乡村、了解乡村，更加真实地感受它的一生一息。在对其进行规划设计的过程中，我们又深感自己作为学生去面对这样一个村子所表现出来的问题的严肃性。"我们用理想的针法编织新衣，然而却不曾认真看过丝线的颜色和银针的锈迹"。理想化无可厚非，人都希望理想照进现实。但我们都需要明白，现实是无法忽视的发展基础。人立足于现实而站立，我们的规划当然且必须是能够站立行走的引导力，这也是理想现实化的希望所仕。"希望逐渐明了之时，野田的能人会挥动山岭的闪光大旗，迎风唤回群众的向往与热情。"

城乡规划学
覃丽学

　　为期三个月的毕业设计终于划上了圆满的句号，回想起整个过程，我觉得收获良多。一方面是能够与不同学校的老师和同学们进行交流，另一方面是能够与一群优秀的队友合作以及得到导师的耐心指导。虽然这趟旅程充满了艰辛，但这次经历让我的五年学习生活有了一个完美的结局。在以后的日子里，我会继续努力，刻苦钻研，直至成为一名优秀的城乡规划师。

城乡规划学
袁菁菁

　　非常感谢学校让我有机会参加这届四校联合毕业设计，通过几次实地调研，不断的查阅资料和学习，学到了许多新的知识，是我在大学中非常珍贵的一段经历。这个过程中我得到了许多的帮助和关怀，解决了遇到的困难和障碍，在此，我真诚地感谢老师和家人以及同学们对我的帮助，同时也感谢华中科技大学这个优秀的平台。通过这次毕业设计，我深刻体会到推动城乡融合发展任务艰巨、责任重大。如何利用城市化带来的机遇是各个乡村在发展进程中面临的一项重要问题，城乡融合发展重点在于"融合"，必须加快解决城乡发展不平衡、农业及乡村发展不充分的问题。同时，各乡村应做到因地制宜，分析自身的独特性，探索合适的发展路径。

一守·一望

昆明理工大学　Kunming University of Science and Technology

参与学生： 王翠巧　项高骞　董　旭　陈思创　刘尚逸
指导教师： 杨　毅　赵　蕾　李昱午

教师释题：

在城镇化快速发展的时代，由于农业经济生产的过程持续时间长，农村极大依赖土地、气候等自然因素的影响，使得农村相对于城市处于劣势地位，农村逐渐失去活力。土地是保障农民生存的主要经济来源，而城市化把农民赖以生存的土地征用了，农村劳动力大量外流、青壮年群体缺少，因此，导致了留守儿童、村庄发展、农业弱化和农村养老等一系列问题的出现。相反，也使得广大农村地区的传统生产方式、村庄风貌和优秀传统得以保留和传承至今。这些也正是本次研究对象——杜角镇村所面临的一系列问题。

乡村振兴战略是中国经济社会发展方式一次大的转变，是建立健全城乡融合发展的体制机制和政策体系，真正实现从二元城乡社会经济结构走向一元和调整城市化发展战略，从过去重视大城市发展到促进大中小城市体系建设。这样既可以减轻"大城市病"和大城市生态资源紧张、社会负担，又可以促进城乡之间和区域之间更加均衡发展。新型城镇化是以城乡统筹、城乡一体、产业互动、节约集约、生态宜居、和谐发展为基本特征的城镇化，是大中小城市、小城镇、新型农村社区协调发展、互促共进的城镇化。两大策略都要求城乡一体化、城乡均衡发展。

本次规划研究的杜角镇村正是处于一个城乡交汇地带，且发展滞后、土地被征用、传统社会方式被保留、生态环境优良，这些既是村庄发展的限制条件也是其优势条件，如何在保护中发展和在发展中保护实现城乡融合，是子午西村乃至整个杜角镇村的一个重要发展方向。在村庄发展现状和发展目标引导下，关于子午西村的建设规划提出了"一守·一望"的主题，这既是从村庄发展的现实需要出发也是积极响应"看得见山（秦岭），望得见水（峪口），留得住乡愁（传统乡村生活）"的号召，分别从规划、建筑和景观方面对应主题提出了"守望"的目标——守古朴民风民居、守秦岭生态红线、守居民生活空间，望秦岭之雄风、望产业之兴旺、望村庄之峻美。

山居溯源——前期分析

研令析绌——村域现状分析

规划思路概述
■ 规划技术路线

明确课题研究方向

前期准备工作相关资料收集　前期现场调研　调研成果

村庄调研访谈　现场资料收集　四校协作共享

上位规划 基础资料 调研成果及发现问题 村域规划 物质空间 规划概述 社会人文

科普调查 访谈收集 资料分析分类对比 策略提出 详细设计 展现概述

建筑单体 景观绿化 实地调研 案例学习 相互定位 社会人文

道路交通 空间规划 详细规划 专题研究 系统规划 相互定位 现状分析 系统规划 系统规划

详细设计 专项研究 详细设计

完成村域规划成果一份 + 完成村庄修建性详细规划成果一份 小组完成
完成村域专项成果一份 + 完成设计文本一份 + 完成设计论文一份 个人完成

完成课题研究

宏观政策解读
■ 乡村振兴战略

2020年7月30日，中共中央政治局会议召开，决定2020年10月在北京召开中国共产党第十九届中央委员会第五次全体会议，研究关于制定国民经济和社会发展第十四个五年规划和二〇三五年远景目标的建议》。

规划要点——乡村振兴方面
● 经济发展取得新成效
创新能力显著提升，产业基础高级化、产业链现代化水平明显提高，农业基础更加牢固，城乡区域发展协调性明显增强。
● 改革开放迈出新步伐
市场主体更加充满活力，产权制度改革和要素市场化配置改革得重大进展，公平竞争制度更加健全。
● 社会文明程度得到新提高
社会主义核心价值观深入人心，人民思想道德素质、科学文化素质和身心健康素质明显提高，公共文化服务体系和文化产业体系更加健全，人民精神文化生活日益丰富。
● 生态文明建设实现新进步
国土空间开发保护格局得到优化，生产生活方式绿色转型成效显著，能源资源配置更加合理、利用效率大幅提高，主要污染物排放总量持续减少，生态环境持续改善，生态安全屏障更加牢固，城乡人居环境明显改善。
● 民生福祉达到新水平
实现更加充分更高质量就业，基本公共服务均等化水平明显提高，全民受教育程度不断提高，多层次社会保障体系更加健全，卫生健康体系更加完善，脱贫攻坚成果巩固拓展，乡村振兴战略全面推进。
● 国家治理效能得到新提升
政府作用更好发挥，行政效率和公信力显著提升，社会治理特别是基层治理水平明显提高，防范化解重大风险体制机制不断健全，突发公共事件应急能力显著增强，自然灾害防御水平明显提升。

珀山休闲旅游产业发展乏力，群众增收渠道减少。部分村集体经济薄弱，主导产业发展缓慢；干部职工素质有待提升还不够，迫近超越的短板依然存在。作风还不够彻实；村（社区）党组织服务功能还不健全，党组织政治引领作用有待提升。

政府工作计划
1 花园乡村建设
着力提升农村人居环境，抓好长效管控，做好产业规划，引导长远发展，做到辖区"三产融合、美丽和谐"的花园乡村全覆盖，建成花园街道。

2 秦岭生态保护
切实加强生态村建设，深入学习贯彻习近平生态文明思想，坚持网格巡查常态化，杜绝违建整建，以严格行土地管理。

3 农家乐转型升级
着力打造康养养民居，不断挖掘子午历史、文化、区位资源优势，引导辖区民宿发展，做精品出优品，打造子午民宿品牌。

4 提升人民满意度
着力增进广大群众福祉，真情办好事民实事，大力发展社会事业，保障民生领域持续投入，全力打好脱贫攻坚战，进一步提升群众幸福感、获得感。

5 群众参与
把发动群众参与作为强化乡村治理的首要任务，完善矛盾纠纷调处化解机制，充分发挥乡贤理事会作用，构筑乡村治理新格局。

6 基层组织规范化
根据农村基层组织标准化建设，全面推行网格化党建，打造"民有所呼、我有所应"的党建品牌。

人口现状分析
杜角镇辖九个村落村小组，1026户，共3468人，其中北豆角村1285人，南豆角村1754人，子午西村429人。

杜角镇村	1026户
	3466人
北豆角村	1285人
南豆角村	1754人
子午西村	429人

1.家庭收入情况　2.家庭收入来源

3.村民务工情况　4.家庭增收困难原因

产业现状分析
第一产业现状

第一产业

种植业 果林业 蔬菜种植

种植业主要农作物有花椰菜、玉米、草莓、西洋菜，果林业作物有樱桃、葡萄等，特色民居——公社石像等特色民居。

第二产业现状

秦岭生态环境保护的需要
村庄现状生产方式的限制
产业结构单一
缺乏发展第二产业的资源

现状缺失，待开发？

第三产业现状

第三产业

农家乐 民宿 果蔬售卖

特色民宿、农家乐、山货市场一应俱全

人文资源
杜角镇历史文化悠久，人杰地灵，可追溯至公元前687年，历史长达2700余年。自然、人文资源丰富，金仙观，摺园，古铁悬桥林，秦枝逆道，温泉，金仙观，特色民居——公社石像等。
"有子午、天子前和施龙城位于子午街道，而子午城位于子午街道，其中以保护站位于子角镇村下辖的村庄——子午西村下。"

古城楼　荔枝驿道

金仙观　特色美食

古板栗林　古铁闩

天然温泉　传统民居　地方戏曲

自然资源
杜角镇村是陕西西安市长安区子午街道下辖的行政村，为城乡结合区，杜角镇村下辖三个自然村分别是北豆角村，南豆角村和子午西村。北临新村，右接子午镇，东台新村，西接物园风和清口村。

杜角镇村位于薯蓣生态文化与科技创新融合的交汇处，既要考虑生态保护，历史文化挖掘传承的任务，也要有创新的理念，将创新融入人们生活的方方面面，进行产业发展模式创新，居住环境更新，生产方式革新等的创新。

根据长安区市域城镇体系空间结构规划，杜角镇村处于中心城区片区的南郡地区的片区重点战区，且位于秦岭生态保护区的边缘地带，既要考虑生态保护区域的发展要求，根据西安市长安区区域发展战略，杜角镇村位于温泉康养历史遗产资源区内，并在秦岭北麓生态源区发展带上，具有生态源源发展的资源优势和政策优势。

子午峪是长安八大峪之一，名称最早见于《汉书》，是道教圣地和韩国道教的发源地。汉代，子午峪被皇帝立为祭天大典祝之所，修建太玄都观，被尊为至高无上的"皇室祭天之所"。子午峪也被称为"海东仙脉子午山"，子午古道从这里由北向南，穿过秦岭，到达汉中，继而到达成都。

村域土地利用现状

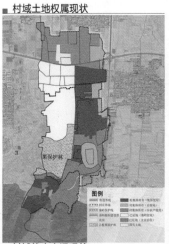

图例

村域土地权属现状

栗保护林

图例

土地利用管控图

图例

村域公共服务设施现状

图例

村域道路交通现状

图例

村域静态交通现状

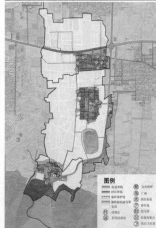

图例

村域给水排水现状

图例

村域绿化景观现状

图例

子午峪　抱花峪

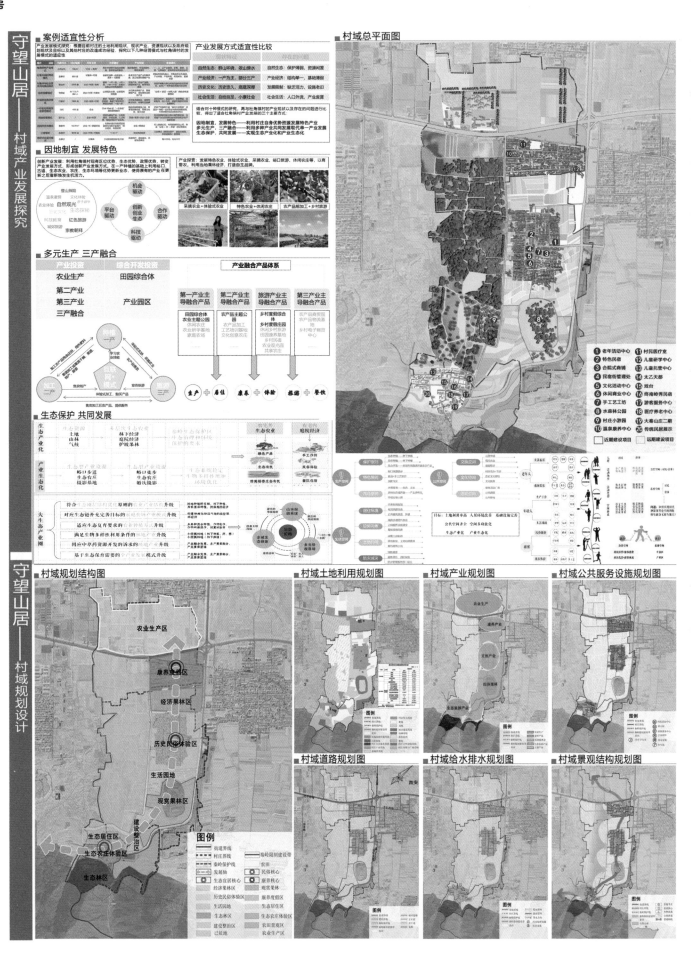

■村庄区位

子午西村距离西安市区约25.4km，位于秦岭北麓且在秦岭建设限制区内，与城市和秦岭关系密切，对于城市来说，是距离较近且生态环境良好、可一至两日游的近郊旅游目的地；对于秦岭来说，村庄靠近秦岭生态保护红线，既享受秦岭生态与自然风光为村庄带来的环境效益和经济效益，同时发展又要受到秦岭的限制。

子午西村位于子午街道的西侧，是子午街道比较接近镇中心的村庄，与张村、东台新村、子午镇村通过子午大道相连接。

■村庄人口

北豆角村	1285人
南豆角村	1754人
子午西村	429人

杜角镇村下辖九个村民小组，1026户，共3468人，其中北豆角1285人，南豆角村1754人，子午西村429人。常住人口占总人口数的83%，流动人口占总人口数的17%。村城内男女比例基本平衡，其中受教育程度普遍为初中和小学，未上过学的人数占总人数的14%，这些人多数是老年人。

■村庄资源

文化资源　建筑资源

农田果木资源　景观资源

村庄土地权属现状

第一产业

一方面，村民耕地少，第一产业难以形成规模效应，另一方面，村庄的果林也处于荒芜状态，杂草丛生，并未得到有效的开发利用，形成**品牌效果**。

村庄西部一块地已被企业征收，目前无开发建设情况，存在村民在该地块进行果蔬种植的情况。

村庄产业现状

第一产业

一方面，村民耕地少，第一产业难以形成规模效应，另一方面，村庄的果林也处于荒芜状态，杂草丛生，并未得到有效的开发利用，形成**品牌效果**。

第二产业

村庄严重缺乏第二产业，几乎没有。

第三产业

子午西村内的第三产业类型包括农家乐、餐饮服务、零售商店、婚纱摄影。其中农家乐三家，餐饮服务四家，零售商店两家，婚纱摄影一家。

村庄公共服务设施现状

问题：商业服务设施、文化娱乐设施不足，缺乏教育、医疗卫生设施。
办法：考虑在规划中增加商业服务设施、文化娱乐设施、教育设施、医疗设施。

村庄市政设施现状

问题：村内网络信号不是很好，部分季节存在用水紧缺的情况。
办法：考虑在规划中增加通信基站，扩大蓄水设施的蓄水规模。

村庄道路交通现状

问题：宽度不够、会车困难、路旁绿化不足。
办法：考虑在规划中适当拓宽道路，优化道路两旁的绿化。

村庄排水设施现状

问题：没有雨污分流以及对污水进行处理，对土地以及水质造成了一定程度上的污染。
办法：考虑在规划中进行雨污分流并对污水进行处理。

村庄建筑质量现状

村庄建筑质量整体上是比较好的，有少部分年代久远的建筑现已质量很差，急需修缮。

村庄房屋闲置现状

子午西村存在着闲置的建筑单体，可经改造开发赋予其新的活力与价值。

村庄建筑结构现状

村庄的建筑结构主要有砖土结构、砖混结构、土木结构等。

最普遍的结构形式为**砖混结构**。

村庄建筑年代现状

村庄的建筑主要是1985年至2015年这一时期修建的。

村庄可利用建筑现状

村庄存在着闲置的小学、民房以及废弃的农家乐等，具有进行二次开发的潜力。

村庄建筑层数现状

村庄建筑以一层建筑与二层建筑为主。

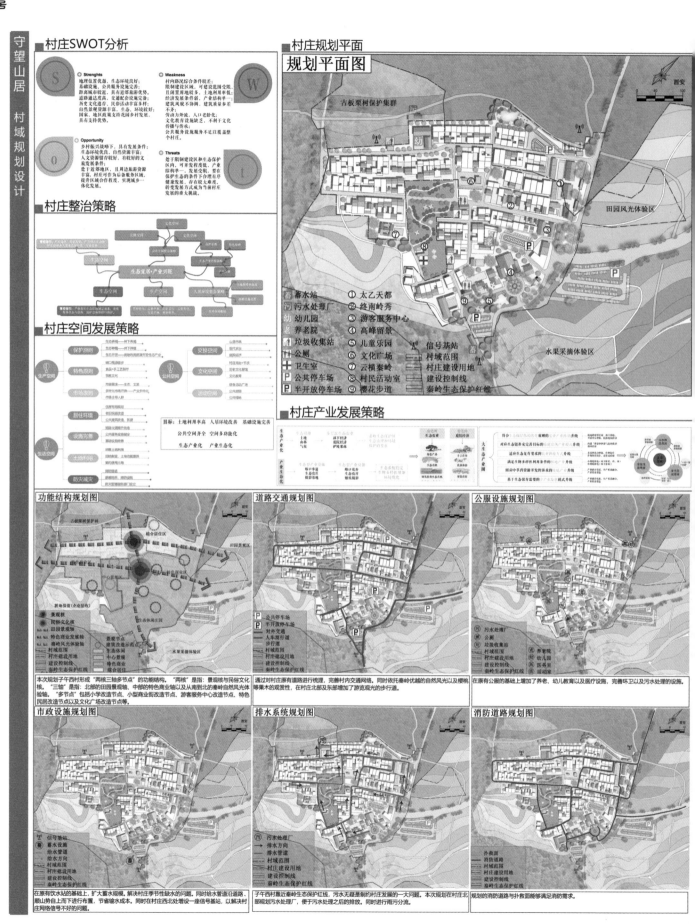

守 子午之古韵 · 望 秦岭之雄风

望山而居，守田而典。幽幽秦岭，文曰子午。

■ 场地区位

| 西安市 | 长安区 | 子午街道 | 杜角镇村 |

西安市——西安市位于渭河流域中部关中盆地，南至北秦岭主脊，与佛坪县、宁陕县、柞水县分界；北至渭河，东北跨渭河，与咸阳市东、杨凌区和三原、泾阳、兴平、武功、扶风、富平等县市相邻。

长安区——长安区地处关中平原腹地，南依秦岭，从西和南两个方向环拥西安市区，山、川、塬皆俱，被称为西安市的"后花园"。

子午街道——隶属于陕西省西安市长安区，地处长安区正南，秦岭北麓，东与五台街道、王曲街道为邻，南靠滦镇街道、五台街道，西与滦镇街道接壤，北与黄良街道相连。

杜角镇村——陕西省西安市长安区子午街道下辖的行政村，为城乡结合区，杜角镇村下辖三个自然村分别为北豆角村、南豆角村和子午西村。

■ 场地现状

建筑概况：子午峪保护站　西村主入口　村内传统建筑　村内现代建筑

自然景观：子午峪口　古板栗林　村口河溪　村内林木

子午西村

子午西村——位于杜角镇村南部、长安八大峪口之一子午峪峪口，南依秦岭山脉，北有古板栗林围绕，自然环境极佳，景观资源尤为丰富，为西安市民周末、度假近郊游最佳去处之一，村内场地在高差，观景位置较好，人流吸引力强，同时依靠子午古道，有着丰富的历史渊源和民俗文化，但紧邻高秦岭生态红线较近，生态较为敏感。子午西村户籍人口429人，年龄构成以老年人、孩童为主，青壮年多外出务工，村子存在不同程度的空心化。建筑密度较为合理，多为20世纪90年代后建造，风貌多砖混为主。

■ 建筑状况

| 建筑结构 | 建筑年代 | 建筑质量 | 建筑高度 |

砖混结构　砖土结构　钢结构

1985-2015年　1985年之前　2015年之后

较好　中等　较差

一层　两层　三层

子午西村建筑结构以砖混结构为主，穿插有零星几个老旧砖土结构和新建钢结构建筑。

子午西村的建筑大多为20世纪80年代至21世纪初，场地内也保留了几处20世纪30—40年代的老建筑。

西村建筑质量整体较好，很多房屋是在宅基础上进行保留或新建，所以存在部分中等质量建筑。

西村建筑几乎都为民宅，高度以二层为主，门房和厢房为一层配置，零星几栋三层房屋。

■ 建筑风貌

整体风貌形式

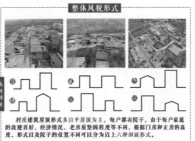

村庄建筑屋顶形式多以平顶为主，每户都有院子，由于每户家庭的改建喜好、经济情况、老房屋坚固程度等不同，根据门房和正房的高度、形式以及院子的位置不同可以分为以上六种剖面形式。

建筑材料使用

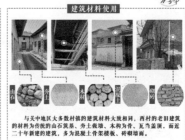

与关中地区大多数村镇的建筑材料大致相同，西村的老旧建筑的材料为传统的山石筑基、夯土做墙、木构为骨、瓦当盖顶，而近二十年新建的建筑，多为混凝土骨架楼板、砖砌墙面。

■ 沿街立面

仿古形制大门　空闲宅基地　砖砌围墙　砂浆抹面大门　贴砖饰面大门　门房抹灰立面　栏杆式造院门

村中心东西向主干道北立面

■ 现有问题

壹 建筑使用空心化

与大多数乡村相类似，伴随经济社会发展，城市化进程不断推进，村中人口，特别是青壮年大量流出，村中现居人群多为老人与儿童。

老人主要居住在门房一侧厢房，年纪较小的儿童有与老人共居一屋的情况，或在厢房位置有一间卧室居住，而正房区域的房间仅在少数节日或外出子女回家期间使用，基本上呈空置状态。

贰 建筑环境低效能

村民自己采用了一些手段如夏天使用空调、冬天烧暖炉等来提升室内热环境舒适度，但由于高耗资、暖炉烟熏，以及老人室内外温差大，不舒适等原因，居住环境并未得到有效提升。

其中像卫生间，使用时要穿过整个院落，非常不便利；现代化生活配套设施等一般设置在正房部分，其使用率低等问题普遍存在。

叁 建筑风貌杂乱化

既有民居建筑尤其是近10年来建造的，普遍存在传统风貌的缺失的问题。关中地区乡村建房子，对沿街立面的风貌尤为重视，往往从房屋的外观和材料，就能看出其社会地位和经济实力，讲究高大的门头，气派的大门和门楣，或四侧墙头的设计等。

但由于社会发展的问题，新的建筑材料与形式快速涌入乡村，村民自己无法快速消化并做出应变；乡村缺乏文化信仰，盲目跟风城市建设风貌，因此出现了新的文化、审美与老的建筑格局形态略微结合的杂乱情形。

■ 解决对策

壹 集合核心居住空间

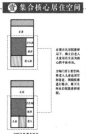

围绕老人与儿童的居住与配套生活空间划为核心居住单元。

老人居住的房间位于门房一侧，儿童的房间贴近老人房间布置在其对面形成核心居住空间，一侧现有厨房集中厨房、卫生间、储存及上面楼梯间等辅助功能，结合主要院落形成完整集约的核心居住单元。

正房部分划分为次要生活单元，作为外出务工子女偶尔回来居住或亲友来访居住使用。

贰 提升重点生活空间

对既有民居的厨房、卫生间进行更新改造，运用现代生态技术手段，科学把握空间尺度，提升空间使用便捷性与舒适性。

厨房：对厨房内发生的活动及相对应的要素进行梳理，优化活动流线组织与空间内容。

卫生间：采用"双翁式"厕所，在院内地下埋置罐体，结合为期2～3年一次的集中抽取处理，实现冲洗厕所。

叁 改善建筑居住环境

在建筑用材方式的转变与建造工艺较为简陋且可投入资金有限的情况下，采用低技低价的适宜技术措施更新建筑围护结构，来提升建筑室内热环境舒适度。

墙面：采用"双墙"构造做法——在原有墙体基础上，保持一定距离再砌筑一道新墙，与原有外墙体形成墙空腔，形成墙体保温隔热层。

屋面：考虑通风屋面和屋顶绿化的构造做法对既有屋顶的屋面墙体与屋顶部位提升优化，在不过多使用空调、暖炉等设备的条件下，大大提升室内热环境舒适度。

门窗：替换隔热性好的窗框材料、替换隔热性好的玻璃、在接缝处加装密封条等以增氧气密性。

■ 绿色再生

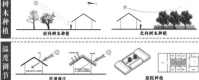

树木种植 / 温度调节 / 空间构成

建筑南侧需要获得大量的太阳能辐射热进行保温，可适当种植落叶树，且与建筑之间应留有适当的距离。根据风向气候条件，在建筑的西北侧宜种植常绿树木，再搭配低矮的灌木，从低到高之间形成一道挡风的屏障。

屋面宜做绿化或保温层，植物或构造会对建筑屋面进行遮挡，覆盖屋顶的土壤具有良好的保温隔热性能，从而减少室内温度的散失，调节局部小气候，提高庭院的热舒适度。

西安地区的最佳朝向为南偏东10°，在南偏东、西30°以内都属于最佳朝向范围，屋面以南向的屋顶坡度25°、北向坡度30°为宜。

而保持关中传统民居院落空间1（面宽）:3（进深）:1（高度）比例关系，能够获得夏季良好的自然通风和冬季防风的效果。

■ 关中民居

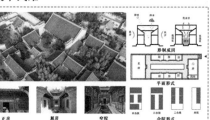

传统民居 / 现有民居

标准的关中传统四合院民居建筑包括门房、上房和两溜厢房，俗称"双面窄子"；如果窄些，只有一溜厢房，称为"单面窄子"。两溜厢房长而半边，向外可以抵御风沙，向内可以收集雨水，在炎热干燥的关中地区，可以有效地调节房屋的热环境。

关中地区人口密度相对较大，许多地区人均耕地仅一亩左右，目前基本上均采用三分地的宅基地配置。

■ 人群分析

活动行为

- 儿童：郊游反哺、家庭游戏
- 中青年：休闲观光、登山拍照
- 老人：休憩活动、登山锻炼
- 群体：集体活动、聚餐团建

游客种类

年龄分布
- 0~18少年 13%
- 60岁+老年 25%
- 18~30青年 20%
- 30~60中青年 40%

空间需求

■ 功能策划

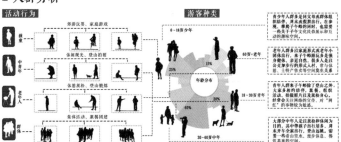

"以建筑服务子午，用建筑提升乡村"

综合村庄场地现状以及村民、游客等人群的诉求，我们提出以下建筑功能的定位：

 商业步行街
整合零售、美食、农产特产，集中布置商业步行街区，服务村民与游客。

 游客服务中心
依托蜗口人流，服务组织团体和散客，提供开展活动、体验、餐饮以及观山的空间。

 关中特色民宿
借鉴关中民居传统形制，利用场地现状，提供村民服务机会，为游客留宿、体闲的民居体验。

 村民活动中心
改造村中广场，改善活动场地的同时，利用地形增建活动中心，给村民提供娱乐和对外展示的场所。

 村民养老中心
利用场地原有学校用地，新旧结合，设立村中老人帮助、养老中心，并可置换闲置民居。

 民俗博物馆
以现代方式修缮场地现有、保存相对完好的传统民居，提高民居生活质量，提供学习趣味空间。

■ 设计理念

守 · 子午之古韵

整合子午西村村貌，还原关中特色民居，
引介子午古道历史，激发田园乡村活力。

望 · 秦岭之雄风

抬高游览人群视线，开拓秦岭观景视野，
眺望联系村庄节点，融合子午人文自然。

■ 营建思路

还原　　　改造　　　新建　　　联系

还原改造村庄内一处关中传统民居，作为民俗博物馆，并提取传统元素为新建建筑使用。

改造现有民居、闲置房屋的风貌、功能等。整合民居周边空地，设计特色客栈、养老中心。

利用村口现有空地，结合人流来向、空间需求等，新建旅客服务中心、村口商业街等。

通过各节点建筑的层高变化、屋顶平台、上人屋面等空间形式，给人们以眺望角度，建立视线联系。

■ 节点选择

节点一　　　　　　节点四

节点二　　　　　　节点五

节点三　　　　　　节点六

地块现状　　设计方案　　地块现状　　设计方案

🏛 商业步行街　　🏠 村民活动中心
🏠 游客服务中心　　🏥 西村养老中心
🏨 特色民宿　　　　🏛 民俗博物馆

161

节点一 商业步行街区

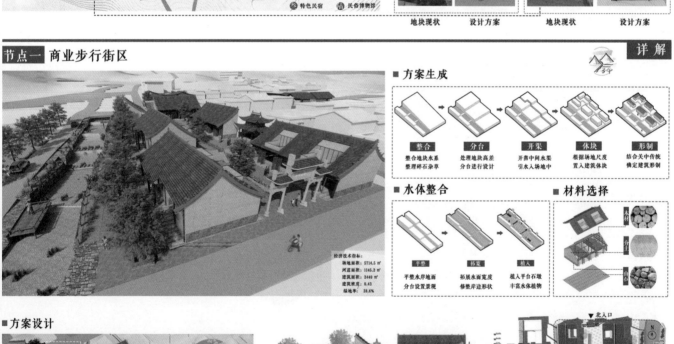

经济技术指标：
场地面积：5714.5 m²
河道面积：1145.2 m²
建筑面积：2440 m²
容积率：0.43
绿地率：38.6%

■ 方案生成

整合 → 分台 → 开渠 → 体块 → 形制

整合
整合地块水系
整理碎石杂草

分台
处理地块高差
分台进行设计

开渠
开凿中间水渠
引水入场地中

体块
根据场地尺度
置入建筑体块

形制
结合关中传统
确定建筑形制

■ 水体整合

平整
平整水岸地面
分台设置景观

拓宽
拓展水面宽度
修整岸边形状

植入
植入平台石墩
丰富水体植物

■ 材料选择

木材
分台
山石

■ 方案设计

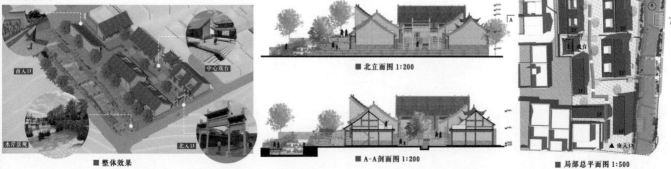

前入口　　中心戏台

水岸景观　　北入口

■ 整体效果

■ 北立面图 1:200

■ A-A剖面图 1:200

北入口

■ 局部总平面图 1:500

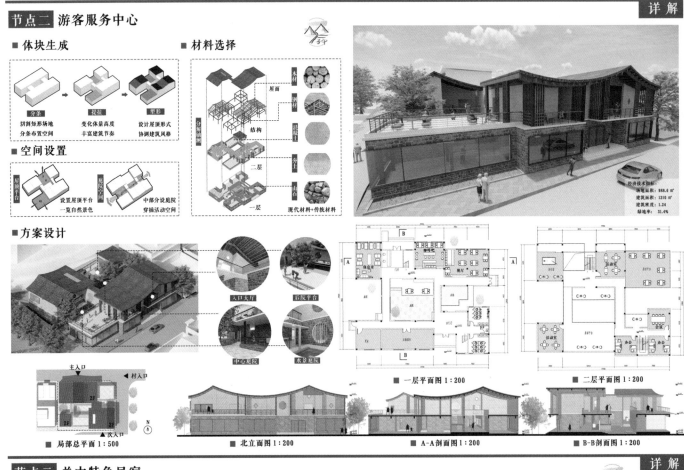

节点二 游客服务中心　详解

- **体块生成**
  - 分条　切割矩形场地　分条布置空间
  - 提拉　变化体量高度　丰富建筑节奏
  - 塑形　设计屋顶形式　协调建筑风格
- **材料选择**
  - 木材　屋面
  - 钢材　结构
  - 混凝土　二层
  - 分土　一层
  - 山石
  - 现代材料+传统材料
- **空间设置**
  - 屋顶平台　设置屋顶平台　一览自然景色
  - 庭院空间　中部分设庭院　穿插活动空间

■方案设计

- 入口大厅
- 后院平台
- 中心庭院
- 水景庭院

经济技术指标：
场地面积：968.6 ㎡
建筑面积：1210 ㎡
建筑密度：1.24
绿地率：31.4%

■ 局部总平面 1:500

■ 一层平面图 1:200　　■ 二层平面图 1:200

■ 北立面图 1:200　　■ A-A剖面图 1:200　　■ B-B剖面图 1:200

节点三 关中特色民宿　详解

■方案设计

经济技术指标：
场地面积：856.3 ㎡
建筑面积：1030 ㎡
建筑密度：1.20
绿地率：19.6%

■ 局部总平面 1:500

- 入口庭院
- 还原窄院
- 一层室内
- 后部庭院

- **体块生成**
  - 民居体量　关中民居体量　生成初始体块
  - 复制　结合场地尺寸　复制两户体量
  - 推拉　分别推拉体块　增设前庭后院
  - 连接　复合传统形制　二层连接体块
- **材料选择**
  - 木材　屋面
  - 钢材　屋架
  - 混凝土　二层
  - 山石　一层
  - 现代材料+传统材料
- **空间营造**
  - 沿街墙面打开　庭院沟通内外
  - 入口水石景观　丰富庭院效果
  - 还原关中窄院　穿梭体验智慧

■ 南立面图 1:200　　■ A-A剖面图 1:200　　■ 一层平面图 1:200　　■ 二层平面图 1:200

概念生成

体块生成

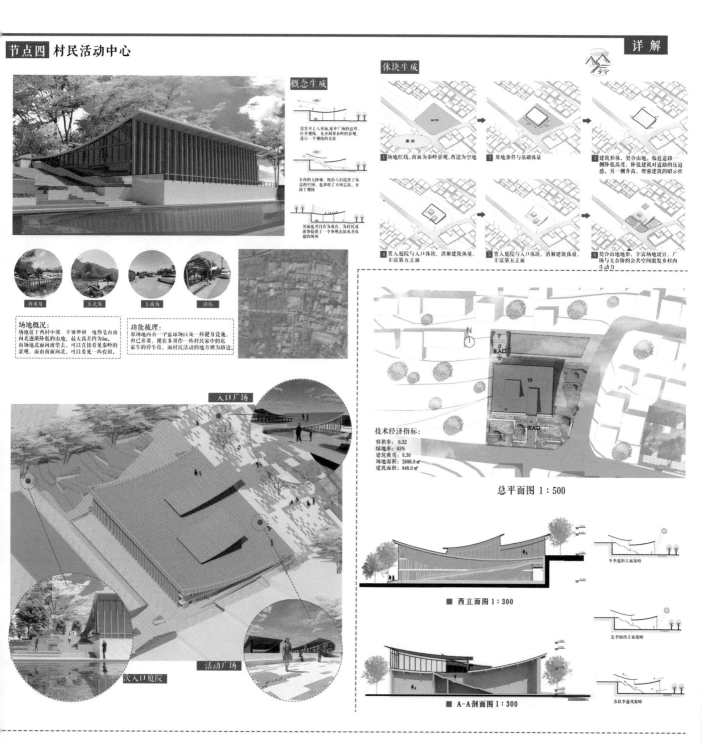

设置可上人屋顶，是串广场的边界，打开视线，充分利用秦岭的景观，进行一个便线的安装。

室内的大降梯，既给人们提供了休息的空间，也串联了不同层高，并回了便线。

屋面也可以作为戏台，为村民的游院提供了一个参观表演或者体验的场所。

① 场地地红线，南面为秦岭景观，西边为空地。

② 用地条件与基础体量。

③ 建筑形体，契合山地，临近道路一侧降低高度，降低建筑对道路的压迫感。另一侧升高，增强建筑的昭示性。

④ 置入庭院与入口体块，消解建筑体量，丰富第五立面。

⑤ 置入庭院与入口体块，消解建筑体量，丰富第五立面。

⑥ 契合山地地形，丰富场地设计，广场与大台阶的公共空间激发乡村内生动力。

场地概况：
场地位于西村中部，交通便利，地势是由南向北逐渐降低的山地，最大高差约为5m。由场地北向南望去，可以直接看见秦岭的景观，面山面向河北，可以看见一批农田。

功能梳理：
屋场地内有一个篮球场以及一批健身设施，但已弃用，现在多用作一些村民家中的私家车的停车位。而村民活动的地方则为路边的场所。

入口广场

活动广场

次入口庭院

技术经济指标：
容积率：0.32
绿地率：65%
建筑密度：0.30
场地面积：2688.0 ㎡
建筑面积：848.0 ㎡

总平面图 1：500

冬季遮阳立面策略

■ **西立面图 1：300**

夏季隔热立面策略

春秋季通风策略

■ **A-A剖面图 1：300**

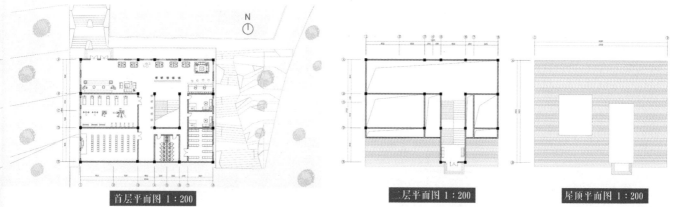

首层平面图 1：200

二层平面图 1：200

屋顶平面图 1：200

节点五　西村养老中心

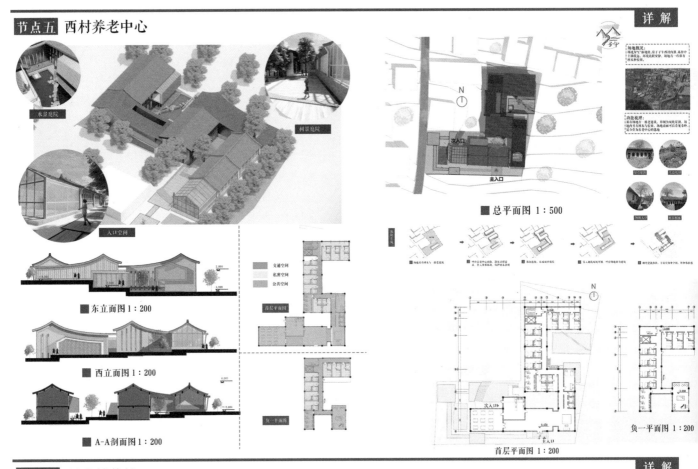

节点六　民俗博物馆

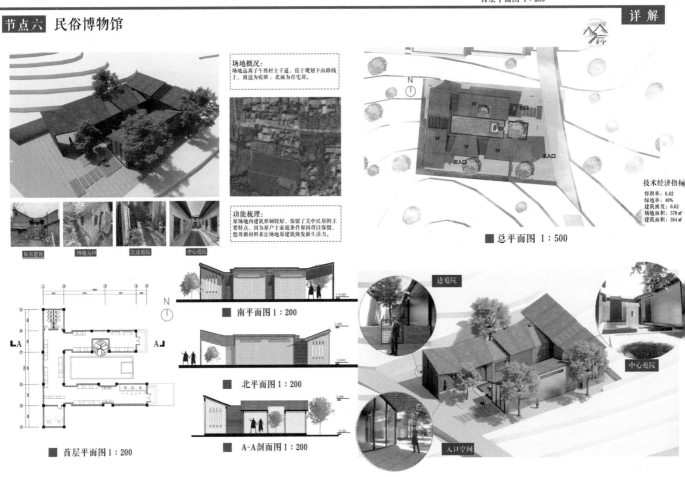

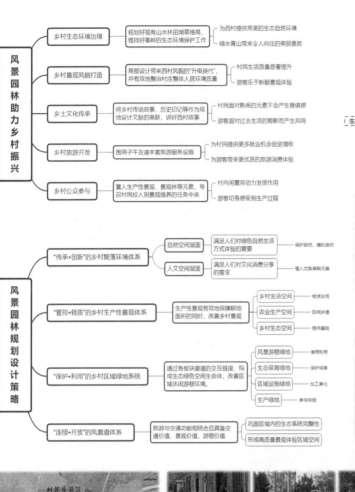

风景园林助力乡村振兴

- 乡村生态环境治理
  - 规划好现有山水林田湖草格局，维持好秦岭的生态环境保护工作
    - 为西村提供秀美的生态自然环境
    - 绿水青山带来令人向往的美丽景致
- 乡村景观风貌打造
  - 局部设计带来西村风貌的"升级换代"，并有效地整治村庄整体人居环境质量
    - 村民生活质量显著提升
    - 游客乐于新颖景观体验
- 乡土文化传承
  - 将乡村传说故事、历史印记等作为场地设计文脉的串联，讲好西村故事
    - 村民面对熟悉的元素不会产生畏惧感
    - 游客面对过去生活的剪影而产生共鸣
- 乡村旅游开发
  - 围绕子午古道丰富旅游服务设施
    - 为村民提供更多就业机会促进增收
    - 为游客带来更优质的旅游消费体验
- 乡村公众参与
  - 置入生产性景观、景观林等元素，号召村民投入到景观维养的任务中来
    - 村内闲置劳动力发挥作用
    - 游客切身感受到生产过程

风景园林规划设计策略

- "传承+创新"的乡村聚落环境体系
  - 自然空间层面
    - 满足人们对绿色自然生活方式体验的需要 —— 保护自然，模拟自然
  - 人文空间层面
    - 满足人们对文化消费分享的需求 —— 植入文脉串联元素
- "管控+转质"的乡村生产性景观体系
  - 生产性景观有效地保障耕地面积的同时，改善乡村景观
    - 乡村生活空间 —— 耕读农场
    - 农业生产空间 —— 田间步道
    - 乡村生态空间 —— 提供基础
- "保护+利用"的乡村区域绿地系统
  - 通过各板块廊道的交互链接，构成生态绿色空间生命体，改善区域休闲游憩环境。
    - 风景游憩绿地 —— 借用利用
    - 生态保育绿地 —— 保护保育
    - 区域设施绿地 —— 加工美化
    - 生产绿地 —— 参与体验
- "连续+开放"的风景道体系
  - 旅游与交通功能相结合且具备交通价值、景观价值、游憩价值
    - 巩固区域内的生态系统完整性
    - 形成高质量景观体验区域空间

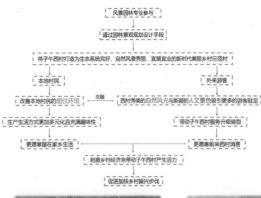

风景园林专业参与
↓
通过园林景观规划设计手段
↓
将子午西村打造为生态系统完好、自然风景秀丽、宜居宜业的新时代美丽乡村示范村

本地村民	外来游客
改善本地村民的居住环境	西村秀美的自然风光与新颖的人文景色吸引更多的游客驻足
生产生活方式更加多元化且充满趣味性	带动子午西村的服务升级转型
更愿意留在家乡生活	更愿意前来西村消费

刺激乡村经济来带动子午西村产生活力
↓
促进加快乡村振兴步伐

对于"美丽乡村"理念的阐释，以及对于人地和谐发展的追求，风景园林专业与建筑学、城乡规划学共同组成了大容量、多层次、多学科的人居环境综合系统，重点探索、研究人类因各类生存活动需求而构筑或形成的空间、场所。

风景园林学作为在资源环境保护和人居环境建设中发挥独特作用的重要学科，具有经济、社会、景观、生态与文化等多重特征属性，可以促使乡村其亲近自然及节俭淳朴的特点最大程度地发挥出来，同时展现出相应的文化精神，不仅能够提高乡村及其周边的生态环境质量，还可以促进一定区域范围内经济、社会等方面的可持续发展，有效助力乡村振兴。

子午西村紧邻秦岭，总体高差较大
村域内有明显高差，村庄建设区内也存在数十米高差

西村最具有旅游资源价值的是子午峪口，其游客量巨大，可为子午西村提供巨大的经济发掘潜力

通往村内道路共三条
其中子午西村连接子午峪口，为入峪爬山必经之地

子午西村植被条件较为良好
秦岭山脉的自然山林具有较高的生态价值与观赏价值

存在问题：亲子互动方式单一；存在安全隐患。
应对策略：开拓一块专属于亲子互动游乐的绿地，场地内视野开阔且不易发生意外，孩童游玩范围家长目力所及。

存在问题：场地数量较少，环境较差且分布不均。
应对策略：将现有场地进行整合，利用村庄内现有闲置用地，增添可供停留休憩的设施。

存在问题：老年人渴望进行耕种来打发时间。
应对策略：规划出专供村民及子午峪口进山处的所需的停留休憩空间；在场地地形内添富有趣味性的构筑物。

存在问题：可供停留休憩的场所数量稀少，且面积不足。
应对策略：满足游客来西村及子午峪口都是直接进入子午峪口。

存在问题：游客来子午西村的服务设施，使得游客在西村内都没有更多的多元化休闲娱乐选择，使西村逐渐充满活力。

存在问题：游客行为过多集中于一处，且娱乐条件简陋。
应对策略：增设多项可供游客互动体验的园林景观项目，使游客娱乐游玩行为不仅拘于一处、仅限于某几个特定形式。

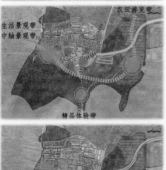

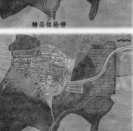

总平面图 1：2000

西安

生活绿地平面图 1:1000

节点平面图一 1:200

西村村民会在闲置空地中进行小规模的开垦种植，为人群提供可供歇息的场所，为村民预留出一些耕地可以满足村民日常的精神需求，整合过的耕地视觉上更为美观，为乡村景观增添一抹色彩。

节点平面图二 1:100

林下广场位于生活绿地中央，为人群提供可供歇息的场所，较为密集的林子创造出较为私密的空间，在西村仅有的用地中，可为村民提供较为私密的生活空间。

节点平面图三 1:100

邻里巷可为人群提供休憩交流的空间，使得村民原始的交流活动得到改善，老年人与亲子能够有专门的场地进行休闲活动，而不是蹲坐在自家门口，避免发生意外的危险。

生活绿地意在为西村村民预留出可供改善生活条件、人居环境的场地。随着子午峪口游客量的增加，前往子午西村的外来游客越来越多，村民生活空间被慢慢挤占，而利用起闲置土地，来为村民提供满足其日常生产生活的场地就显得尤为重要，提升村民生活品质的同时也可为西村吸引大量游客，带动乡村经济发展。

节点立面图一 1:100

节点立面图二 1:100

民俗广场平面图 1:400

记忆广场

记忆广场将具象的乡村生活剪影通过雕塑形式展示出来，广场雕塑能使游客回忆起儿时生活印象的点点滴滴，引起共鸣，缅怀岁月痕迹，感叹白驹过隙。

种植科教园

种植园为从未接触过乡村田野生活的城镇儿童带来基本农作物的认知。在亲子交流互动的同时，既减少了城镇儿童的"自然缺失症"，又为亲子提供交流互动平台。

民俗广场立面图 1:200

漫步林平面图 1:400

利用现有林地进行土地规整、绿植补种、设置铺装等，将秦岭北麓种植的观赏苗木置于其中，将靠近村中心的林地作为西村观赏价值最高的地点，有效使游客驻足。

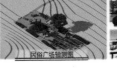

民俗广场轴测图

周末农园平面图 1:500

将现有凌乱的农业生产行为进行规整，将土地进行划分，对其进行农业种植租赁的改造，使得游客可以近距离地接触体验农业生产，寓教于乐，又可以补充西村经济。

周末农园立面图 1:500

利用村内空闲土地营造出"村口大树"的经典乡土气息，广场范围内设置大量石桌石凳，可供人群休憩使用。明显的符号化标志也能够在人群心中留下深刻印象。

西村最西侧视野极佳，南可观青山，北可望良田。利用现有土地条件架构观景台，可供人群一窥秦岭北麓的自然风光。既有利于人群游憩体验，又可以为西村带来人气流量贡献。

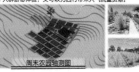

周末农园轴测图

**城乡规划学
王翠巧**

时光荏苒，一转眼四校乡村联合毕业设计已经结束了，这期间经历许多、成长许多、收获颇多，使我受益匪浅，熬夜、通宵赶图仿佛还在昨天。回想起四个月的设计历程历历在目，第一次到子午西村调研领略了秦岭雄风、乡村静好，第二次游走在西安建筑科技大学校园感受古朴校园风光，最后一次达到青岛理工大学完成答辩。

感谢这次毕业设计让我有机会去实践乡村规划和更好地解读乡村振兴战略。这次的毕业设计再一次让我知道团队合作的重要性，感谢队友的倾力合作与帮助，感谢四校联合毕业设计使我有机会见到不同地区的乡村风貌、不同学校同学的作品和不同地区的风光，更要感谢赵蕾老师在毕业设计期间一直给予我悉心的教导和莫大的支持，无论在学习上还是精神上都给予了我帮助，这些帮助一直鼓舞着我完成毕业设计。虽然自己在设计上仍有不足，但参加这次联合毕业设计对于我来说是对我五年学习画上了一个圆满的结局，也希望将来能为乡村振兴事业贡献自己的微薄之力。

**城乡规划学
项高骞**

很幸运参加了四校乡村联合毕业设计，让我对乡村以及乡村规划设计有了更加深刻的理解。村庄规划成果要深浅适度，面向不同的主体选择不同的表达方式。同时，针对乡村发展的不确定性，规划要预留一定的弹性，探讨规划留白机制。村庄建设规划、土地利用规划、产业发展规划等多种规划的相关内容，围绕规划管理和项目实施的实际需要确定规划内容，建立统一的底图和统一的编制、管理技术平台。通过此次联合毕业设计，我学习到了各个高校优秀村庄规划的经验，并对普遍存在的问题进行了沟通交流，为今后的规划编制奠定了更为坚实的技术基础。

**建筑学
董　旭**

能够作为我们四校联合毕业设计的一份子，我感到非常荣幸，能够有机会与这么多优秀的老师同学们一起探讨乡村发展振兴的规划设计策略，让我收获颇丰。面对乡村问题的方方面面，我们如何去挖掘其背后的原因，又有针对性地对每个乡村提出切实可行的发展方案，是需要我们一直去思考、探讨并不断实践的。

乡村孕育着城市，也服务着城市。在现如今城镇化率不断提高的背景下，让乡村更"乡村"就显得尤为重要。本次毕业设计能够以建筑学专业的角度参与规划设计，并提出策略、设计节点来探讨激发乡村活力的可能性，是我对乡村问题的全新认知提升。也希望日后能够不断拓展自己对乡村的了解，能够真正作为乡村振兴的一员，服务于未来乡村发展建设。

**建筑学
陈思创**

一转眼，三个月的四校联合毕业设计就这样结束了。从三月初的第一次场地调研，到四月中旬的中期答辩，再到五月底的终期答辩，有不足也有收获。尽管这是一次以城乡规划专业为主导的设计，但是让我对乡村规划问题有了一个清醒和更深刻的理解，农村作为一个空间类型，未来也会展示其发展潜力。

对自身而言，在和其他两个专业，特别是城乡规划专业的同学合作之后，我懂得很多设计更多需要缜密的逻辑，需要先从宏观把握，再到细枝末节的探索，这其中的每一步都需要我们思考，很感激这次机会能与这么多优秀的同学老师一起，参与到乡村研学中来。

**风景园林学
刘尚逸**

本次毕业设计是我是首次接触乡村规划设计，虽然在校五年来积累了些浅显的实践、理论知识，但此次乡村规划设计仍使我感到无所适从。风景园林专业如何参与乡村振兴建设？乡村景观如何有效提升乡村整体人居环境？围绕这两个问题，我开始慢慢摸索本次毕业设计的逻辑与设计。

此次毕业设计顺利完成得益于各校同学的通力合作，同时也非常感谢各校专业老师的悉心指导与帮助。另外感谢建筑与城市规划院五年来提供的学习环境与学习条件，非常庆幸能与建筑与城市规划院的各专业同学度过五年精彩难忘的学习生活时光，同时也感谢共同在毕业设计组奋战了三个月的十七位同志，感谢大家的同舟共济、相互扶持，我才能在本学期如此顺利地完成毕业设计与答辩。

最后，由衷感谢毕业设计阶段所有给出过意见与指导的本校、外校老师，其中尤其感谢毕业设计阶段的指导老师——李昱午博士，感谢您不厌其烦、细致入微的设计指导与人生行业规划指引，非常感谢。最后再一次感谢大家。

昆明理工大学　一守·一望

大事记
Big Events

2021.3.2

开幕仪式

学术报告

2021 乡村专题学术报告会

华中科技大学教授 耿虹

西安建筑科技大学教授 段德罡

西安建筑科技大学讲师 谢留莎

西安市长安区农业农村局 乔超

昆明理工大学教授 杨毅

2021.3 长安

四校乡村联合毕业设计全体师生

华中科技大学教授 耿虹

四校师生入村调研

四校师生开题汇报

大事记

2021.4.16

中期汇报开幕式

中期答辩

西安建筑科技大学建筑学院院长　雷振东

北豆角村中期汇报小组

西安建筑科技大学建筑学院教授　段德罡

北豆角村中期汇报小组

联合毕业设计师生

南豆角村中期汇报小组

联合毕业设计师生

南豆角村中期汇报小组

子午西村中期汇报小组

西安建筑科技大学 B组

西安建筑科技大学 A组

北豆角村中期汇报大组

工作照片

大事记

四校乡村联合毕业设计全体师生

2021.5.27

毕业答辩开幕式

联合毕业设计展

青岛理工大学南院学术报告厅

青岛理工大学建筑与城乡规划学院院长 许从宝

昆明理工大学建筑与城市规划学院教授 杨毅

青岛理工大学建筑与城乡规划学院副院长 朱一荣

湖北省城市规划设计研究院副院长 陈涛

青岛理工大学建筑与城乡规划学院教授 韩青

西安建筑科技大学建筑学院讲师 谢留莎

中国城市规划学会乡村规划与建设学委会秘书长 栾峰

北豆角村联合大组汇报

南豆角村联合大组汇报

子午西村联合大组汇报

大事记

总结
Summary

四校乡村联合毕业设计已经走过了七年，七年间很多事情发生了变化。2014年，我在同济大学的"第十一届中国城市规划学科发展论坛"上做了一个关于西部乡村规划思考的学术报告，大抵上结合平日做过的一些乡村调查及几个村庄规划设计实例谈了谈西部乡村的现实状况，并告诫大家乡村问题有其复杂性，规划师要谨慎下乡，避免用程式化的城市规划技术方法去解决乡村问题等。报告引起了很大反响，澎湃新闻网还就报告内容打造了"造乡"专栏，进行了三期连载。回头看当时讲的内容，在今天只是对乡村和乡村规划的基本认识，能引起如此反响，可见当时学界对乡村及乡村规划极其缺乏关注。

随着美丽乡村、乡村振兴等一系列国家战略的出台，乡村规划成为学界、业界关注的重点。各种研讨会、交流会频繁举行，各种竞赛雨后春笋般涌现，各种学术文章书籍出版，各种线上媒体推波助澜……迅速地，大家对乡村的认识深入了，乡村规划设计的水平提升了，以至于在各类乡村竞赛中、在一些优秀案例出版征集中，提交的作品水平越来越高，想选出优胜的作品越来越难。这是一件好事，只有更多的人关注乡村，乡村振兴才能成为现实。

七年间，毕业设计课程对指导教师的挑战也在不断变化。早些年，引领学生走进乡村、认识乡村就是一件不容易的事儿；后来几年，教会学生理解乡村规划设计不只是空间设计那点儿事，产业如何发展，村庄如何运营，乡风文明、治理有效如何实现才是更重要的……再到后来，随着学界、业界在乡村领域的研究与实践成果越来越多，学生可参考的优秀案例也越来越多。今年的毕业设计就上得比往年轻松，学生们上手很快，不论是整体规划逻辑建构还是重点内容专题研究都做得有模有样，很轻松就走到了预期的轨道上。欣慰之余有些担心，今天的乡村规划设计在迅速套路化，图文做得越来越精美，成果表达越来越规范，然而，这些规划有用吗？这些设计能落地吗？我在乡建领域打拼多年，到今天依然充满了对乡村工作的无力感。乡村振兴是个代际工程，希望这些娃娃们能尽快走进真实的乡村工作中，破解今天横亘在乡村发展面前的一系列难题，而不是热衷于完成一摞摞乡村规划设计成果。

2021，第七年，结束了。"七"是一个我喜欢的数字，一周七天，周而复始；北斗七星，指向北辰。七年里，收获了一堆志同道合的兄弟姐妹，大家一道在乡村教育上携手前行；七年里，培养了一批又一批乡建人，为中国的乡村振兴点燃星星之火……又一个新的七年即将开始，乡村毕业设计联盟也迎来了新的变化，首先是"乡村四校"将变成"乡村五校"，南京大学的加入会极大丰富联盟的研究视野，而"网红"教授罗震东的加入势必会将互联网对乡村的冲击与融合带入教学之中；其次，联盟投入中国城市规划学会乡村规划与建设学术委员会的怀抱必将增强联盟在学界的影响力，倒逼联盟不断提升在乡村教育及乡村研究的水平。

期待 2022，青岛，开启又一个精彩的七年。

段德罡　教授
西安建筑科技大学建筑学院
2021 年 6 月 24 日

中国传统乡村培育了光辉灿烂的农耕文明，勾勒出人类农耕史上其他地区难以比拟的宏阔图景，今天的中国乡村，依旧保存着这份独特的价值。党的十六大以来，为解决三农问题，开展了社会主义新农村、美丽乡村、贫困村整治、传统村落、特色小镇、田园综合体等乡村振兴的实践探索。国家"十四五"规划纲要中将乡村振兴作为全党工作重中之重，全面实施乡村振兴战略，强化以工补农、以城带乡，加快农业农村现代化。

今年的选题是"终南山居——西安市长安区乡村规划设计"。本届乡村联合毕业设计选择了具有秦岭北麓自然环境特点和子午峪道千年历史的长安区子午街道杜角镇村，探讨生态保护与乡村发展、乡村现代化发展与传统文化传承、乡村如何融入都市圈等问题，在建立国土空间规划体系、大力推进生态文明建设的重要历史时期，此次选题非常具有针对性和指导性。

三月入关中，秦岭周围，青山淡，师生对杜角镇村村民进行深入访谈与入户调研，在地体验关中风情同时也被初春秦岭之景所打动。进入杜角镇村时，村内道路硬化改造、厕所改造等皆已完成，各户前也有一定的环卫设施，村庄发展势头很足。热情的秦岭脚下人民，心系秦岭的保护，他们的淳朴与热情，在访谈中使我们深受感触。通过在地调研，首先建立了对杜角镇村的全面认知。在与村民的在地交流的日子里，师生逐渐改变规划视角，更多地从村民自身诉求出发，并试图通过多元手段解决其中诉求。充分考虑村庄现实情况和未来发展愿景，根据上位规划要求，充分发挥区位优势，加快融入城市、服务城市，发展文化产业、城郊经济，因地制宜、因势利导地谋划乡村发展思路。其次，多专业的联合教学让学生在毕业设计中扩展了视野，城乡规划并非专精于一业，而是多个专业的综合应用，此次毕业设计中规划的学生也在尝试用建筑学视角去看待民居，用景观视角看待乡村之美。

"白衣执甲，逆流而上"。这是过去一年疫情防控历程中最真实的写照。2021 年，在其他多数联合毕业设计联盟采取线上教学的情况下，西安建筑科技大学仍克服种种困难恢复线下举办，在此向主办院校西安建筑科技大学以及参加四校联合毕业设计的师生在疫情期间，为保证四校联合毕业设计顺利进行所付出的辛劳致以崇高的敬意。

乡村联合毕业设计教学经过这几年实践，师生共同走进乡村，以学习乡村的态度发现村庄的优势特点，乡村教学思路推陈出新，实现了"教学、研究、实践"三者的共同进步。四校乡村联合毕业设计进入了第七个年头，七年来我们收获了很多，培养了热爱乡村规划设计和乡村振兴事业的大学生，四校师生相聚选题村庄，共同调研，互相学习，产生了深厚的友谊。

2021 四校乡村联合毕业设计终期答辩在青岛举行，中国城市规划学会乡村规划与建设学术委员会秘书长栾峰教授和南京大学罗震东教授莅临指导，各位大咖针对乡村规划实践经历发表了自己的见解，着实是一场知识盛宴，参与师生受益匪浅。我们共同祝愿 2022 年青岛西海岸新区杨家山里红色教育基地开启"五校乡村联合毕业设计"新景象。

朱一荣 副教授
青岛理工大学建筑与城乡规划学院
2021 年 6 月 12 日

改革开放四十多年以来，我国城乡经济社会取得了长足的发展，但"新时期我国社会主要矛盾的变化，要求我们在继续推动发展的基础上，着力解决好发展不平衡不充分问题"。全面了解和正视我国乡村发展的地域差异是全国乡村毕业设计联盟创立的初心。2015 年西安建筑科技大学、华中科技大学、昆明理工大学分别代表西北、西南和中部地区高校最早组成了联盟三校，如今乡村毕业设计联盟一同走过七年，我们从最初三校壮大成了四校（2016 年加入青岛理工大学）、五校（2022 年加入南京大学），但我们联盟的初心未改。全面认识和理解我国乡村发展的巨大差异是乡村联合毕业设计教学的重要目标之一。

2021 年是我国全面推进乡村振兴战略的开局之年，乡村振兴战略是实现中华民族伟大复兴的中国梦，解决好农村发展不平衡不充分问题的关键。从"三农"的角度看，乡村振兴的目标是农业强、农村美、农民富裕。乡村振兴战略的实施必须规划先行，这是一项重要的原则。因为，乡村振兴决定着未来相当长一段时间我国农业发展布局，农村发展面貌，农民的发展选择。同时，从中央一号文件要求来看，为了保护好我国优秀传统文化和传统村落的基因库，也需要因地制宜编制乡村振兴地方规划和专项规划，分类指导、精准施策。为了把规划先行落实到位，亟需推进我国城乡规划体系和乡村规划教育的改革与创新。

在此背景下，乡村联合毕业设计教学目标是清晰的。一是为国家培养和输送乡村振兴人才。培养乡村规划人才是科学实施乡村振兴战略的重要基础。通过一届又一届的本科毕业生培养，让我们的城乡规划毕业生对我国多元化的乡村社会经济环境和城乡制度差异形成基本认知和价值判断。二是对于本科阶段乡村规划教学体系和教学方式的摸索。段德罡教授指出，驻村就是最好的乡村规划教育。联盟从第一届毕业生就开始坚持乡村规划教学在村里，乡村毕业设计成果介绍面向村民。从一开始对教学要求和教学方式的"不适应"，到联盟老师认同乡村规划的扎根教学思维。学生们不得不跳出理想的专业思维圈，学会去观察村庄生活和倾听村民声音。不管我们面对的是什么类型的乡村，认识真实的村庄，才能明晰问题、分析问题，最终去思考解决问题的思路。因此，"走进乡村，向乡村学习"成为乡村规划教学体系改革的重要目标，也成为乡村联合毕业设计的第一届主题和教学宗旨。

传统乡村规划教育从城市规划教育衍生而来，对于更多考虑经济集聚效应的城市空间而言，自然科学导向下的理性空间思维和专业技术训练显得尤为重要；但面对复杂的乡村社会环境，地方资源挖掘和内生动力显得尤为重要。面向乡村未来，社会科学在自然科学面前显得同等重要。乡村发展不仅需要解决生产力提升问题，更多的需要适应中国农业经济本底、社会结构和文化变迁等问题。本科阶段的城市规划教育容易让学生离开城乡生活的基本面，特别是对远离城市生活的乡村地区不够熟悉。七年来，联合毕业设计的驻村教学成果让指导老师们更坚信乡村规划教学对于城乡规划人才培养、城乡规划学科知识体系构建和城乡规划学科体系建设的重要意义。

最后，全国乡村联合毕业设计联盟走过七年，我们经历了全国不同地理类型的乡村、不同风貌特色的乡村、不同产业功能选择的乡村、不同制度环境制约的乡村。显然，乡村规划教育需要尊重不同的需求面向，如传统文化保护、农业产业发展、乡村旅游，互联网＋等发展需求，我们需要在丰富的地域实践经历和时间积累中完善教学经验，在干中学。因为我们深知，乡村规划教育不是一代人的事业，但乡村规划教育可以是一份我们爱的事业。

洪亮平 教授
乔 杰 讲师
华中科技大学建筑与城市规划学院
2021 年 6 月 12 日

　　孕育生长于自然本底的乡村，时至今日也面临着与自然本底的生态矛盾，也需要在生态文明的大背景之下去细心呵护大自然这一人类千百年来赖以生存的自然本底，农业生产的面源污染、农村建设的能耗控制、村民生活方式和物品物资的非生态倾向，都需要严格管控，在生态文明的底线之下探索乡村发展的新途径，需要更加强调对自然资源的集约利用以及乡村空间发展与自然资源环境的协调统一。

　　生态严控区域的乡村作为国土空间的重要组成部分，既具有我国传统乡村的特征，又与生态资源环境有着密不可分的关系。然而，在生态严控背景下，许多乡村面临着土地资源紧张、产业经济效益低、传统文化消失等问题。如何实现乡村空间与生态环境协调发展，满足村民日益增长的空间环境需求，体现乡村地域文化特色……本次主题"问道终南"的秦岭山居正是紧扣时代脉搏作为的有益探索。

　　这就使得深入了解秦岭山麓子午峪口乡村的方方面面变得十分重要，因为要使乡村规划不脱离乡村发展实际，必然需要作出"在地"的洗礼。交通因素方面通过优化自身系统，包括提升道路质量、美化道路环境等，提升村庄环境吸引力和经济发展水平，在响应生态因素的限制要求的同时，实现乡村建设发展；高度重视山、水、林、田等重要自然因素的保护设计，以自然环境为基质去呵护自然景观的生态修复与发展；甚至需要对乡村的自然环境和物种资源进行详细的调查和分析，评估区域生态构成与土地利用状况，以及环境对人口流向的承载能力和抗干扰能力，都需要进行探讨，从而使乡村未来发展基于"生态文明"的发展理念，从功能定位的强化、空间布局的优化、主题形象的凸显、未来产业开发和服务设施的配套等方面进行综合规划整治，突出秦岭天然的生态资源优势，也传承传统地域文化及厚重历史文化，同时倡导乡村文化建设，重塑乡村历史记忆。也需要完善基础设施体系和提升公共服务，基于生态优先的原则搭建社区的基础设施，从微观的层面切实考虑村民的生活需求，完善乡村生活、教育、生产、娱乐等综合功能。实施数字乡村战略，比如建设"宽带乡村""流乡村"，使移动网络覆盖也成为乡村的"新基建"工程；适逢暴雨袭豫，同理亦需提升气象为乡村服务的能力，加强其防灾减灾救灾能力建设。规划成果凸显乡村生态特色，在征求全体村民意见的基础上，践行生态文明理念，把握好发展空间格局，加强创新，解决空间规划质量和效益问题，进而提升村民的生活质量，等等。本次四校同学共同努力，所进行的规划实践在以上这些方面作出的探索，无论是否完全达到要求或者还在思考的路上，我都坚定认为其必将为乡村规划与建设孕育更强大的力量！

屈指一算，不知不觉本联盟已走过七年的路程。七年的时间不长不短，七年的主题越来越深，七年的经历很绵很长，七年的风雨可忆可想。七年来有这样那样的一些变化，但是七年来却也有根深蒂固的不变……期待来年！

181

杨 毅 教授

昆明理工大学建筑与城市规划学院

2021 年 7 月 1 日

后记
Afterword

本次联合毕业设计的选题颇有波折。2020 年，疫情开始肆虐，各地管控严格，因此 2020 年在云南腾冲的联合毕业设计师生并未在场，也因此，最终在西安的毕业答辩也未能线下进行。2020 年夏天在西安管控不那么严的时段里，段德罡教授、蔡忠原老师带着我在西安市长安区进行毕业设计选点，跑了子午街道的所有村庄，遴选出相对具有秦岭浅山区乡村特征并适合学生做的三个村庄，进而邀请其他三校的教师们来西安进行实地选题考察，并最终确定毕业设计题目在资源众多、条件制约、地形情况复杂的杜角镇村。

为了更好地了解村庄具体情况和进行资料的收集，我们与长安区人民政府办公室、农业农村局、子午街道办事处等相关部门进行了充分的对接，并得到长安区政府的大力支持，为我们联合毕业设计创造了良好的条件。

2021 年 3 月初，各校师生们在疫情期间不畏艰难，共同协调沟通，终于顺利在秦岭山脚下开题并入住村庄。3 月的西安春寒料峭，秦岭山下的住宿条件简陋，还时不时断电，但是并未影响在村的师生们入户调查与访谈的热情，村民们感动了、村干部们感动了。在 3 月 6 日的调研汇报会上，村民们感慨地诉说着师生们的辛苦和认真，也真诚地袒露自己的诉求，对我们的调研工作给予了很大支持和帮助。

4 月中旬，四校师生在西安建筑科技大学的南阶教室汇报了中期成果，用专业的表达和丰满的图纸展现着自己毕业设计的初步方案并受到各校老师们的指导。5 月底，大家又在美丽的青岛相聚，同学们在青岛理工大学热情洋溢地分享毕业设计的最终成果，或激昂或沉稳，或娓娓或铿锵，描述着秦岭山脚下的未来杜角镇村的美好场景，勾勒出终南山居的袅袅人家，得到了老师们的高度评价和肯定。历时三个多月的联合毕业设计在四校全体师生的共同努力下，终于完美落幕。

　　秦岭是中国重要的山水骨架，既承担了生态保护的重要责任，又是大西安都市区南侧重要的保护屏障，但更重要的是，它是老百姓安居乐业的栖息之所和生存之本，触动着乡村规划师的内心。因此，终南山居的毕业设计是宏大的，是多元的，是复杂的，是柔软的……在此衷心感谢为本次联合毕业设计的成功举办付出的所有人。感谢长安区政府及农业农村局领导的大力支持；感谢子午街道办事处、杜角镇村的领导干部们抽出宝贵的时间与师生们座谈交流并提供相关资料；感谢西安建筑科技大学领导、建筑学院领导们的支持；感谢城乡规划系的同仁老师们，感谢教学组里的段德罡教授、蔡忠原老师、陈炼博士及各位老师的包容与鼓励，感谢为此次联合毕业设计做出大量幕后协调沟通等工作的李宇辰、崔琳琳、郝嘉璐及西安建筑科技大学毕业设计组所有同学们；感谢四校联合毕业设计的所有师生为杜角镇村所做的规划设计探索。祝愿四校乡村联合毕业设计联盟越来越好，祝愿大家平安健康，祝我们友谊长存！

谢留莎　讲师

西安建筑科技大学建筑学院

2021 年 7 月 1 日